盆栽花卉出口保鲜贮运技术

蓝炎阳　王少峰　陈毅勇　主编

中国农业大学出版社
·北京·

图书在版编目(CIP)数据

盆栽花卉出口保鲜贮运技术/蓝炎阳，王少峰，陈毅勇主编．—北京：中国农业大学出版社，2017.3

ISBN 978-7-5655-1787-7

Ⅰ.①盆…　Ⅱ.①蓝…②王…③陈…　Ⅲ.①花卉-保鲜②花卉-贮运　Ⅳ.①S680.9

中国版本图书馆 CIP 数据核字(2017)第 034177 号

书　　名　盆栽花卉出口保鲜贮运技术

作　　者　蓝炎阳　王少峰　陈毅勇　主编

责任编辑　张　蕊　张　玉

封面设计　郑　川

出版发行　中国农业大学出版社

社　　址　北京市海淀区圆明园西路 2 号　**邮政编码**　100193

电　　话　发行部 010-62818525，8625　读者服务部 010-62732336

编辑部 010-62732617，2618　出　版　部 010-62733440

网　　址　http://www.cau.edu.cn/caup　**e-mail** cbsszs @ cau.edu.cn

经　　销　新华书店

印　　刷　国防印刷厂

版　　次　2017 年 3 月第 1 版　2017 年 3 月第 1 次印刷

规　　格　850×1 168　32 开本　3.125 印张　70 千字

定　　价　28.00 元

编 委 会

目　录

第一章 绪 论

随着经济的快速发展，物质生活水平的提高，人们的消费观念发生了巨大改变，越来越多的人开始注重对更高层次精神生活的追求，花卉以其独特的景观价值成为美化人们生活、绿化环境的重要组成部分。然而盆栽花卉在出口流通交易过程中要经历或长或短时间的运输，在此期间常常由于保鲜技术的落后造成花卉品质严重下降，从而给花卉贸易者带来巨大损失。因此，如何依靠先进科学技术，采用哪些方法保持花卉销售前后的天然品质，已成为花卉生产、贮运保鲜、销售等过程中一个重要研究方向。

一、花卉产业发展及贸易概况

（一）全球花卉产业的生产及贸易状况

花卉业在世界经济活动中成为一种新兴的和最具发展活力的产业之一，花卉产品已成为国际大宗商品，消费量持续增加，国际花卉市场每年销售额以10%～13%的速度递增。目前，主要花卉生产国的荷兰、比利时、丹麦、哥伦比亚，仍保持世界花卉出口的领先地位，但发展中国家如肯尼亚、津巴布韦、波多黎各、墨西哥、印度等，也积极参与花卉国际市场竞争，形成百舸争流的新格局。自20世纪90年代初，国际上主要花卉生产国荷兰、美国、日本、丹麦、比利时等，开始重视和发展优质盆花生产，走规模化、自动化和国际化的道路。一些新兴的花卉生产国如以色列、肯尼亚、哥伦比亚、新西兰等，从单纯的切花生产转向盆花生产，并逐步扩大盆栽花卉和盆栽观叶植物的规模。

（二）我国花卉产业的发展情况

我国的花卉产业是在20世纪80年代，随着改革开放的步伐，从无到有、从小到大，不断发展起来的。进入21世纪以来，我国的花卉产业更是得到了迅猛发展。2014年，花卉种植面积102.21万hm^2，花卉种植业产值达到1855亿元、销售额达1280亿元、出口创汇额达6.20亿美元，切花切叶176亿支、盆栽植物45亿盆、观赏苗木111亿株、草坪3.79亿m^2，我国已成为世界最大的花卉生产基地、重要的花卉消费国和花卉进出口贸易国。目前，全国种植面积在3hm^2以上或年营业额在500万元以上的大中型花卉企业达1.5万家，设施栽培总面积达13万hm^2；花卉从业人员493万人，花农136万户；我国拥有省级以上花卉科研机构100多个，专业技术人员30余万人；获得国际登录的牡丹新品种18个，梅花新品种118个，国家林业局新授权的观赏植物新品种有536个，农业部新授权的花卉新品种有114个。

全国范围内形成了以云南、辽宁、广东等省为主的鲜切花产区，以广东、福建、云南等省为主的盆栽植物产区，以江苏、浙江、河南、山东、四川、湖南、安徽等省为主的观赏苗木产区，以及其他一些盆景产区、花卉种苗产区、花卉种球产区、花卉种子产区、食用药用花卉产区、工业及其他用途花卉产区和设施花卉产区等等。各级花卉协会和地方政府积极配合，以举办大型花事活动为载体，不断挖掘花文化内涵，将花卉主题展览展示与花卉产业园区建设、休闲观光旅游相结合，使花卉旅游

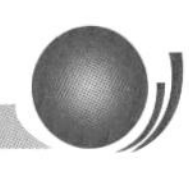

市场逐年扩大，大众消费日益繁荣，极大地促进了花卉产业的发展。

（三）福建漳州“十二五”期间花卉产业发展现状

漳州地处福建省南端，属亚热带地区，非常适宜各种花卉生长，已形成榕树盆景、水仙花、仙人掌与多肉植物、兰花、绿化苗木、棕榈科植物、阴生观叶植物、药用花卉等八大类特色的花卉产品。2015 年漳州市的花卉种植面积达 20595.36 hm^2，增加了 14556.8 hm^2；“十二五”期间实现花卉苗木总产值达 476.19 亿元，比“十一五”期间的 67.19 亿元增长 608.72%，并形成了以盆栽植物、观赏苗木（绿化苗木）为主要的种植和出口种类。“十二五”期间漳州市的出口总额不断上升，同时出口批次也较为平稳，都在 2400~3000 次之间波动。“十二五”期间实现花卉苗木出口总额 21712.8 万美元，比“十一五”期间的 7262 万美元增长了 198.99%。漳州出口花卉的国家和地区（含保税区）有 49~57 个，出口市场稳步扩增，新增英国、罗马尼亚、保加利亚、哥斯达黎加等国家。主要出口国家为荷兰和韩国，二者之和占漳州出口总额的 60.3%~68.1%，二者均占总额的 30% 左右。榕树盆景出口一枝独秀，出口量占到全国榕树盆景出口量的 90% 以上，并且保持着稳定增长的态势。据统计，榕树盆景出口占漳州整个花卉出口总量的 40.6%~56.6%，占据漳州出口总额的半壁江山。

二、盆栽植物采后变化

（一）盆栽植物采后生理生化变化

1. 逆境下渗透调节物质的变化

渗透调节物质主要包括糖、有机酸、可溶性蛋白质和一些无机离子（如K^+），在逆境胁迫下，叶片等器官细胞会通过渗透调节形成渗透调节物质以达到适应逆境胁迫的目的，使植物能够正常进行生命活动。可溶性糖是植物为了适应逆境的需要而主动积累起来的可降低细胞渗透势和冰点以适应正常进行生命活动的需要；而可溶性蛋白亲水性强，可显著增加细胞的保水力，增加束缚水含量和原生质弹性，且细胞内可溶性蛋白质含量与抗逆境能力具有平行增长的关系。

可溶性糖、可溶性蛋白与植物抗逆境（抗低温、抗旱、抗热等）的关系已多有研究。郭晓瑞等研究长春花在干旱胁迫过程中，发现可溶性糖含量呈增加的趋势，表现出一定的抗性；詹福建等研究低温胁迫盆栽马占相思树叶片可溶性糖、可溶性蛋白质含量也不断升高，具有明显的渗透调节能力和抗寒性。可见，植物叶片等组织中可溶性糖、可溶性蛋白质等渗透调节物质含量可以作为鉴定盆栽植物抗性强弱的一个生化指标。

2. 逆境下光合色素叶绿素的变化

正常条件下，叶片中的叶绿素处于不断合成又分解的动态平衡状态，其含量受多种因素的影响。植物在逆境胁迫下，由于胁迫伤害而使植物体内自由基攻击膜系统造成膜脂过氧化而引发植物生理代谢失调而受伤害。干旱和水涝均使果树成熟叶片的叶绿素含量下降，可以看作是水分胁迫发展中由功能性伤害影响到器质性伤害的一个中间过程。植物在适应长期的遮阳胁迫后，叶绿素 a、b 的含量出现下降，而受低温的影响比较明显，如耐冷特性强的蝴蝶兰品种经低温处理后，在温度回升 10 d 后叶绿素含量降为处理前的 84.9%，表明具有温度敏感性。

3. 逆境胁迫下的细胞伤害

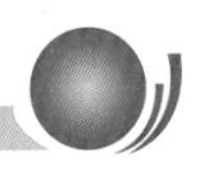

细胞膜透性增大的程度和过氧化产物累积的高低与植物遭受的逆境胁迫强度和植物组织本身的抗逆境能力有很大的关系。抗寒性强的苦水玫瑰比抗寒性弱的摩洛哥玫瑰和保加利亚玫瑰在越冬期间 -35 ～ -27℃低温，膜透性要低，且具有差异性；随着干旱胁迫的加剧，花荚期大豆叶片质膜透性和 MDA 产物都不断增大；随着低温弱光胁迫程度和时间的增加，辣椒幼苗叶片中 MDA 含量增加，细胞膜透性增大，耐低温弱光能力强的陇椒 2 号优于抗性弱的七寸红品种。一般情况下，细胞膜对物质具有选择透性能力，在维持细胞的微环境和正常代谢中起着重要作用，因此膜透性和 MDA 含量的变化是质膜损伤程度的重要标志之一。

4. 逆境胁迫下酶活性的变化

植物组织通过各种途径产生超氧化物阴离子自由基（$\cdot O_2^-$）、羟基自由基（$\cdot OH$）、过氧化氢（H_2O_2）和单线态氧（$1O_2$）等活性氧自由基，这些自由基会引起叶片细胞质膜的过氧化作用。但植物体本身具有抵抗活性氧伤害的 SOD、CAT、POD 等保护酶系统，可以降低或消除活性氧对膜脂的攻击能力。正常情况下，植物细胞内自由基的产生和清除处于动态平衡状态，活性氧水平很低，不会伤害细胞。但植物受到逆境胁迫（低温、高温、黑暗、干旱等）时，该平衡就被破坏，活性氧积累过多，就会伤害细胞。自由基伤害细胞的主要途径可能是：逆境首先加速膜脂过氧化链式反应，丙二醛等过氧化产物和活性氧积累过多，引起一系列生理生化紊乱，如果胁迫强度大、胁迫时间长或者植物抗胁迫能力弱，植物就有可能死亡。

过氧化物酶是广泛存在于各种动物、植物和微生物体内的氧化酶，催化由过氧化氢参与的各种还原剂的氧化反应。过氧化物酶与植物的呼吸作用、光合作用及生长素的氧化有密切关系，可以反映植物体内代谢的变化情况，植物经受不同环境胁迫后，其POD活性的表现也不同。一般认为POD的活性与植物的抗逆境能力的强弱有很大关系。不同抗性的番茄在（13±1）℃/（7±1）℃低温处理过程中，POD活性均增强，但抗性强的番茄叶片出现新酶带的时间要比抗性弱的来得早。

过氧化氢酶是广泛存在于动植物和微生物体内的末端氧化酶，具有催化细胞内过氧化氢分解，防止细胞过氧化，使细胞免受H2O2的毒害的作用。研究表明，CATs在植物防御、胁迫应答、延缓衰老及控制细胞的氧还平衡等方面起重要作用，其活性与植物的代谢强度及抗性能力有一定的关系，杂交稻三系叶片衰老过程中CAT活性大幅度下降，但不育系的叶片CAT活性明显高于其他杂交系，且衰老进程较慢，可能是CAT活性较高的原因。

（二）盆栽植物采后形态变化

盆栽植物采后仍进行着呼吸作用等复杂的生命代谢活动，采收时发育程度掌握不当、采后温度管理不当、光照不足、浇水不足或过度、有害气体干扰和操作粗放等都会使植株不同程度地出现叶片黄化脱落、花蕾不能正常开放、落花落果等症状。环境因子对叶片、花蕊等器官脱落有重要的影响作用，温度过低、湿度较低、光照不足、氧气浓度低、矿质营养缺乏等都会导致叶片器官的脱落，最终造成植株容易落叶、衰老、死亡。

三、影响盆栽植物采后贮运效果的因素

盆栽花卉采后贮运环境与正常生长环境有很大的差异，流通过程中容易造成损耗和品质观赏性下降，而花卉本身抗性强

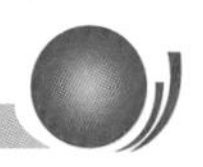

弱和逆境压力大小程度对贮运效果起着至关重要的影响。因此，盆栽植物的采后保鲜既要考虑植物本身质量、品种及采前管理的因素，也要考虑采后处理技术和设备的因素，运用贮运系统技术，而影响贮运效果的主要因素为温度、湿度（水分）、光照、肥料、培养介质等。

（一）温度

生长环境温度适宜，有利于植株健壮生长，品质提高；不同季节气候温度对植物的采后品质有很大影响。根据盆栽植物的冷害温度要求，可以在温室或经温度驯化逐步达到植株对低温环境的适应过程，可在上市前一两周降低环境温度，以增加植物体内碳水化合物的储存，有利于延长贮运期。温度低于冷害温度时就会加速植物叶片的衰老脱落，Jin-Jae Lee 等研究表明，盆栽小苍兰在栽培期间给予 18℃ /13℃处理的采后品质明显好于经过 28℃ /23℃处理的品质。

盆栽植物采后贮运温度影响着其贮藏过程中的物理、化学及各种诱变反应，低温贮运可以减缓呼吸、降低乙烯释放量以及其他一些代谢过程，延缓衰老，保持良好品质。在暗环境下，影响榕树叶片脱落的主要因素为温度，温度过高和过低都会促进叶片脱落，温度越高，植物生理活动越快，生化反应加快，同时高温也会引起水分亏缺促使叶片脱落，而低温如霜冻引起棉花落叶，同时低温是引起植物休眠的主导因素。

（二）光照

和水、CO_2、营养状况等外界环境因素一样，光是植物维持自身生命活动的最重要的外界因素之一，同时也是影响盆栽花卉贮运保鲜效果的最重要因素之一。园艺学家长期观察得到：

糖类含量高的叶片不易脱落，糖类含量低的，则容易脱落。光照不足或低于光补偿点则会引起植株不同程度的发育不良，如提前掉叶，落花落蕾。不同植物的光照补偿点随环境的不同而改变，且盆栽植物一般都是在强光照的环境下生长的，移入室内或是进行装运则光强将大大降低。具有低光补偿点的植物在低光照环境下生长良好，更适应采后处理、贮藏和运输环境的改变，如垂叶榕栽培在47%的遮阴条件，其光补偿点会降低至全光照条件栽培时的2/5。因此对盆栽植物进行采前光照驯化是提高盆栽植物贮运效果、采后品质的有效途径。

（三）水分

水分是影响植物生长的最重要的因子之一，它结合氮素营养和光照通过互作效应调节影响着植物的生长发育，保证着植物理想地生长。盆栽花卉贮运前两天应该给予适当浇水，空气湿度保持在90%以上以避免植物的萎蔫。盆栽植物采后往往面临着水分供给不及时或是无法供应等现象。当贮运环境湿度较小时，植物也会发生水分胁迫，根系和叶片水分过少时，光合作用减弱，吲哚乙酸氧化酶活性增强，生长素相应减少，细胞分裂素含量下降，乙烯和脱落酸增多，这些变化都促进叶片脱落。Michelle H.Williams 等研究表明，盆栽“迷你”月季生长后期对其进行阶段性的给水控制，其采后寿命比对照要长，并且观赏品质也明显优于对照，降低了落花落蕾率。

（四）肥料

施肥量是影响盆栽植物贮运效果的因素之一，关键环节是掌握好矿质营养元素的比例、浓度、施用时间。盆栽植物的施肥原则是既促使植株快速、适度生长，又不使培养介质过多积

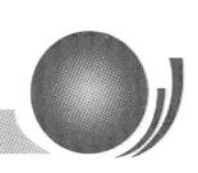

累盐分。矿质营养缺乏，会使植物代谢失调，容易引起叶片等器官的脱落，缺乏氮、磷、钾、硫、钙、镁、锌、硼、钼和铁都可导致脱落，但氮含量过多却能够引起脱落。

植物营养成分的吸收又跟外界环境条件有重要的关系，一定的光照条件、适度的温度范围、介质水势、介质通气性、酸碱性等都会影响着养分的吸收，影响着植物叶片中生长素、糖类、蛋白质等的合成，对叶片器官的脱落产生重要的影响。因此，选择缓释肥或易溶于水的肥料对防止植物受高盐浓度的伤害，延长贮运期有着重要的意义。

（五）栽培介质

栽培基质直接影响着植物的生长、繁殖，良好的介质可以为植株提供必需的营养元素、根系蓄水能力、良好的根系透气环境，为植物的繁茂发育提供稳定的根际环境。要使植物正常并健壮生长，栽培基质要具有一定得的稳定性。研究表明，无土栽培观叶植物生长良好，光合速率高，同时也可根据植物生长的需要灌溉相应的营养液。王凤兰等以基质和水栽条件研究金边虎尾兰的生理特性发现，水栽金边虎尾兰的根系活力明显低于基质栽培金边虎尾兰；张秀丽等研究基质对蝴蝶兰生长发育及抗寒性的影响，发现混合基质较适合蝴蝶兰的生长发育，能够提供抗寒性较好的蝴蝶兰，为商品化生产提供依据。

四、盆栽植物采后贮藏保鲜技术

盆栽植物贮运前后由于生长环境的改变都有高低温、光照不足、水分不充分及机械损伤而出现一些引起观赏品质和商业价值下降的症状，表现为过早开花、叶片黄化和脱落、落果、花瓣萎蔫与脱落，以及植株老化衰老和萎蔫等，这些症状可能是盆栽植物自身受环境胁迫或机械损伤都能加速植物的衰老与器官脱落，目前花卉的贮藏保鲜主要采用物理和化学相结合的方法。

（一）物理保鲜法

1. 冷藏保鲜

根据低温可以使植物生命活动减弱、呼吸减缓、减少能量消耗的特点，盆栽植物采用低温贮藏不仅可以降低乙烯及其他有害气体的释放量、延缓其衰老进程。不同的盆栽植物，冷藏保鲜要求温度不同，出口贮运盆栽富贵竹的最佳温度为15～18℃，可长途船运达35d。一般起源于温带的花卉适宜的贮藏温度为0～1℃，而起源于热带和亚热带的花卉分别为7～15℃和4～7℃，适宜的湿度为90%～95%。

低温冷藏产生的负面效应是多方面的，当超过一定极限时，对所贮藏的花卉也会产生损伤。贮藏过程中容易出现低温伤害即冻害和冷害，使得植株容易受到生理损伤，特别是对原产热带亚热带花卉品种更为敏感。因此，冷藏保鲜对盆栽花卉的采前采后处理技术提出了更高的要求。

2. 气调保鲜

盆栽植物气调保鲜主要是在冷藏的基础上，根据贮藏期间呼吸机理出发，通过抑制呼吸作用的快速进行以及抑制内源乙烯的产生而达到保鲜的目的。气调保鲜采用冷库与气调大帐相结合的方法使盆栽植物在调节库内O_2含量降到10%以下，CO_2含量提高到3%～5%左右，大幅度降低其呼吸强度和自我消耗，抑制乙烯的生成（因乙烯的产生需要氧气），减少病害发生，延缓衰老而达到保鲜的目的。

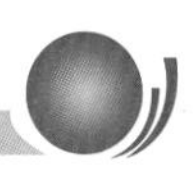

气调贮藏花卉时，不同种的花卉或同种的花卉之不同品种所需要的气体贮藏环境即 O_2 和 CO_2 比值不同和温度贮藏环境不同，因此需要根据不同的花卉种类控制不同的气体组分和环境温度。随着气调保鲜技术的成熟完善和应用范围的扩大，以及花卉产业特别是花卉国际贸易的扩大，气调应用于盆栽花卉保鲜将会进一步得以推广和应用。

（二）化学保鲜法

逆境下，盆栽花卉都一定程度上会释放相当量的乙烯气体，可能诱导植株花、叶的黄化、萎蔫、衰老和脱落，这种由乙烯影响而产生的植物生长和生理的变化称为乙烯综合征，它是植物对乙烯及与乙烯有关的刺激如胁迫所产生的直接反应。化学保鲜方法主要是通过使用化学药剂、植物生长调节剂等乙烯抑制剂进行采前喷施，常用的植物生长调节剂主要有 STS、1-MCP 等。

1.STS 在盆栽植物保鲜上的应用

硫代硫酸银（STS）含有 Ag+ 能够在植物体内移动，取代乙烯受体上的金属离子，减少内源乙烯的产生，对盆栽植物有抑制乙烯释放的作用，是一种抗乙烯剂。据徐明全等研究报道，采用 STS 处理盆栽矮牵牛花，观察花期变化后发现，4 mmol/L STS 能有效地延长花期 3 ～ 4 d，比对照更有效地抑制乙烯的活性。Y.S.Chang 等用 0.5 mmol/L STS 处理，研究结果表明处理组能有效地延长苞片的寿命。Christia M.Roberts 等用 1.0 mmol/L STS 处理盆栽荷包牡丹属后发现，处理组的货架寿命均比对照组要显著提高。虽然 STS 中的 Ag^+ 是乙烯受体抑制剂，广泛地用于观赏植物保鲜上，但由于毒性及污染环境等原因，许多国家已禁止使用 。

2. 1-MCP 在盆栽植物保鲜中的应用

1-MCP 是 1- 甲基环丙烯的简称，是一种乙烯抑制剂，能有效地抑制植物外源乙烯对内源乙烯产生的诱导作用，强烈抑制内源乙烯的生理效应，延缓乙烯诱导的器官衰老和脱落，可以较长时间保持乙烯敏感型园艺作物的商品价值。环境温度、处理浓度、处理持续时间及植物的发育程度都会影响着 1-MCP 的处理效果。Margrethe Serek 等使用 1-MCP（0 ～ 20 mL/L）处理盆栽伽蓝菜、秋海棠、月季后置于乙烯环境下发现，处理组比对照的采后寿命延长 4 倍。Jones ML 等用 1-MCP（1 mL/L）处理天竺葵属的植物经过 24 h 后 ，比对照组能有效地延迟花瓣的脱落现象。

3. 其他化学药剂在盆栽植物贮藏保鲜中的应用

其他化学保鲜药剂如 NO、N_2O、AVG、AOA、乙醇等的保鲜机理可能是通过乙烯的生物合成或其他途径来抑制乙烯的形成，但这些物质成本高或是安全性等问题而不能大量使用。据报道，NO 和 N_2O 可有效抑制植物组织中乙烯生成及其效应，延长采后花卉保鲜期，但施用条件必须在无氧环境中进行，实际商业应用上受到限制。近几年来随着花卉产业的快速发展，盆栽植物采后的衰老机理、贮运技术成为采后生理与技术的重点研究内容，采后保鲜的商用新型乙烯作用抑制剂的研究将会更加倍受关注。

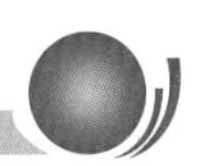

第二章 榕树出口保鲜贮运技术

一、概述

榕树（*Ficus microcarpa* L. f.），桑科榕树属，是常绿亚热带木本植物，原产于印度、马来西亚等热带和亚热带地区，喜阳光充足、温暖而湿润的气候，耐寒耐旱，在微酸和微碱性中均能生长。近年来，榕树盆景出口一枝独秀，出口量占到全国榕树盆景出口量的90%以上，并且保持着稳定增长的态。据统计，榕树盆景出口占漳州整个花卉出口总量的40.6%~56.6%，占据漳州出口总额的半壁江山。产品销往韩国、日本、荷兰、美国等国家以及我国的香港、台湾等地。

盆栽榕树出口到这些国家或地区需要 20 ～ 40 d 的时间，贮运期间和贮运后出现叶片黄化、脱落等问题，严重影响观赏性和降低商品价值。同时各进口国对植物种植场的环境条件、土壤处理及有害生物的综合治理等方面提出更高的要求，特别是要求使用无土基质栽培，而根结线虫病则影响着盆栽榕树的出口。

当前花卉业的研究热点局限于花卉种质资源研究、遗传育种研究、栽培技术研究、鲜切花采后生理研究及其他花卉生产相关技术研究等，对出口盆栽榕树的保鲜系统技术研究较少。韩娜通过研究盆栽榕树的贮藏特性后发现，最佳贮运温度为13℃，使用5 mg/L KT和600 mg/L 0.1%芸薹素内酯较好的改善了贮后榕树的商品品质。但该研究并没有考虑基质和肥料的使用对贮运效果的影响，而且出口企业正常情况下采用的贮运温度为16℃。

传统榕树栽培一般使用土壤或沙土栽培，所生产的产品产量低、质量差、根结线虫多，不便于出口运输和通关检疫。与土壤栽培比较，无土基质培养的盆栽植物的产量高、质量好、病虫害少、便于运输和出口检疫。制约盆栽榕树出口的线虫主要有螺旋线虫属（*Helicotylenchus* sp.）、矮化线虫属（*Tylenchorhynchus* sp.）、根结线虫属（*Meloidogyne* sp.）、南方根结线虫（*Meloidogyne incognita*）、蘑菇滑刃线虫（*ApHlenchoides composticola* Franklin）、较小拟毛刺线虫（*Paratrichodorus minor*）、小杆线虫属（*Rhabditis* sp.）等，目前针对病虫害主要采用熏蒸、冷热处理等检疫处理，但这些方法费用高、污染环境、耗时长、对植物伤害大等缺点。采用真空熏蒸榕树盆景，容易使榕树叶片受到药害而提早脱落。农作物生产采用单种或多种药剂防治根结线虫取得了较好的效果，用1.8%阿维菌素乳油防治榕树容器苗根结线虫病取得较好的防治效果，喷药30 d后防效可达97.8%。但是目前针对出口盆栽榕树基质线虫和根结线虫病防治的报道较少。

盆栽榕树出口需具备：目的国或地区允许进口的无土介质所栽培、无检疫性病虫害、到达口岸后能保持观赏性。因此，盆栽榕树出口需解决三个方面的技术：一无土基质栽培技术；二线虫害防治及检疫技术；三贮运保鲜控制技术。

二、榕树栽培基质选择

栽培基质要能为植物根系提供稳定、良好的生长环境，基质种类和性质的选择是无土栽培成功与否的关键，同时还要具

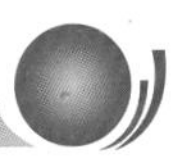

有可操作性和经济性。对以椰糠为主的固体基质进行不同配比组合的理化性状分析，比较研究不同基质配比组合合理性，以期为实际生产筛选经济、适宜的最佳栽培基质配比组合提供理论依据。

基质的容重、孔隙度、pH、EC，以及有机质、各种营养元素的含量直接影响到植物栽培的效果，目前还未见有提出作物栽培基质的标准化性状参数。理想栽培基质的容重为0.1～0.8 g/mL，总孔隙度在70%～90%之间，透气性良好，性质稳定，pH以6.0为适宜，EC应小于2.6 ms/cm。从测定结果来看，单一椰糠的理化性状并不完全符合这些要求，适当添加一定比例的珍珠岩、草炭和保水剂则可满足这些条件。

单一基质的缓冲能力不同，通过复合配比可以有效调节机制的pH，可以对酸碱起到一定得缓冲能力，从试验结果看，珍珠岩、草炭和保水剂可以起到调节椰糠pH和EC的作用，达到理想状态。添加珍珠岩可以提供栽培介质的通气性，而添加草炭和保水剂可以对不同配比进行物理和化学上的校正，使其持水性能、pH和EC达到理想状态，不同复合配比基质存在一定的差异性。

评价栽培介质的适宜性不仅要考虑其本身的物料属性，同时要考虑到其在实际栽培时属性的变化。通过测定不同配比基质的全效和速效营养成分来看，以椰糠为主的混合介质含有植物生长所需要的有机质营养、全效、速效和缓效养分，具有较高的N、P、K营养元素，实际栽培过程中可以不添加或少添加这些肥料，可以此作为栽培过程施用肥料或营养液的调整依据。从试验测定结果来看，珍珠岩含有较高的缓效K，可与椰糠混合起到提高介质缓效K含量的作用；草炭含有较高的速效N营养含量，可添加到椰糠混合基质中起到增加速效N营养的作用。

配比80%椰糠+20%珍珠岩、70%椰糠+30%珍珠岩、75%椰糠+20%珍珠岩+5%草炭、70%椰糠+20%珍珠岩+10%草炭、65%椰糠+20%珍珠岩+15%草炭、80%椰糠+20%珍珠岩+5g保水剂和80%椰糠+20%珍珠岩+10g保水剂等混合基质配比具有适宜的容重和孔隙度，化学性质稳定，有机质含量较高，植物生长必需的N、P、K含量丰富，pH在6.0左右，EC<2.6 ms/cm，是较为理想的配比组合，表明以椰糠为主，添加一定比例的其他物料进行复合可获得较为理想适合盆栽植物生长的栽培介质，可以作为出口盆栽榕树栽培或基质移栽时所选择的配方，而且符合盆栽植物生长和出口要求。

三、出口盆栽榕树基质线虫及根结线虫病的防治

根结线虫是一种可侵染多种寄主植物，寄生性由草到树，形成典型的根结虫瘿，有些线虫种类抗性较强，高温消毒和一般农药药剂无法完全杀灭，而溴甲烷却因为产生环境问题而受到严禁使用，故对盆栽植物需进行线虫病害综合处理，才能消灭充分达到出口要求。榕树病害检验检疫主要是针对根结线虫病，熏蒸处理严重影响观赏价值，给出口检验检疫带来很大的麻烦。本研究以阿维菌素原浆、毒死蜱乳油、益舒宝颗粒剂和克百威颗粒剂等防治盆栽榕树的基质线虫和根结线虫病，从出口前防治着手，研究不同药剂的防治效果，以避免榕树出口时遭受熏蒸等检疫处理或减轻熏蒸等检疫处理程度避免榕树受到伤害。

基质线虫和根部根结线虫病是制约盆栽榕树出口的主要方

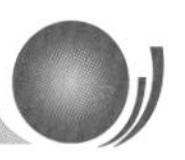

面，有些国家若发现基质或根系有活体线虫即全部进行熏蒸处理，有的国家则一发现有活体线虫就立即当场销毁，给出口企业和花农利益造成严重损失。榕树根结线虫具有繁殖快、抗性强的特点，试验结果表明，100 mg/kg 的 2% 阿维菌素原浆对盆栽榕树基质线虫和根结线虫病具有较好的防治效果，分别达到 99.6% 和 95.7%，明显优于其他浓度或药剂的防治效果，结果与朱卫刚等研究防治南方根结线虫获得相应的效果。

颗粒剂药剂防治线虫效果相对较差，可能是因为颗粒剂药剂没有水剂那样覆盖所有基质，对部分线虫起不到触杀的作用，同时颗粒剂在基质中药效容易受到环境温度、水分的影响而药效降低。然而效果最好的 100 mg/kg 的 2% 阿维菌素原浆并不能完全杀灭线虫，推测可能与连续灌药间隔时间、线虫抗药性，药效时间有关，表明单一的药剂无法一次性全部杀灭，故需进一步研究杀线虫处理方法。

不同药剂使用量对基质线虫和根结线虫病的防治效果具有较大差异，对线虫的防治效果既受到药物本身的影响，也受到药物使用浓度的影响，可能亦受到环境气温的影响。表明检测基质线虫数量不能完全反映药剂对根结线虫病的防治效果，而检查各药剂处理对榕树根结形成的控制程度，更能准确地反映不同药剂对根结线虫病的防治效果。试验过程还发现不同药剂使用量不会对榕树产生药害。

根结线虫病防治试验结果表明，100 mg/kg 的 2% 阿维菌素原浆灌根 15 d 后防治基质线虫效果达到 99.7%，其次为 33.3 mg/kg 的 2% 阿维菌素原浆；100 mg/kg 的 2% 阿维菌素原浆灌根 45d 后防治根结线虫病效果达到 95.7%，其次为 33.3 mg/

kg 的 2% 阿维菌素原浆和 100 mg/kg 的 40% 毒死蜱乳油，达到 80% 左右。同时试验观察发现，不同药剂使用量对榕树生长不会产生药害。

四、出口盆栽榕树保鲜贮运影响因素

脱落是植物叶片离层区细胞的衰退而导致细胞的相互分离使得连接叶片与母体的维管束折断而进一步形成叶片的脱落过程。贮运脱落是一种异常脱落，是生长环境的突变和不适应性所形成的一种非适时的不希望发生的逆境脱落。基质对植物生长的影响研究主要集中在正常环境条件下对植物表观性状的作用方面，是否能够提高植物抗性和有利保鲜方面的研究目前未有报道。贮运温度作为保鲜常用的外界调控因素，直接影响着贮运效果。目前对观赏植物的保鲜研究以观花植物居多，对观叶植物的落叶以及其生理生化物质的变化研究较少。施加肥料和喷洒植物生长调节剂（保鲜药剂）都有可能提高植物的抗性和增加保鲜效果。

（一）贮运期间盆栽榕树落叶、水分耗散及抗性生理的影响变化

植物叶片的脱落是一个复杂的生命代谢过程，黑暗、干旱、营养缺乏等逆境都能使植物体内的正常代谢失调或中断，引起叶片衰老脱落。贮运条件下盆栽榕树叶片的脱落是一个连续性的变化过程，贮运至第 27 d 时，落叶率明显升高，说明榕树经过 27 d 的暗逆境胁迫下抗性开始减弱。

水分是植物维持生命活动和新陈代谢的条件之一，影响着叶片细胞和根系活力的变化，处于水分亏缺状态的植物衰老的进程就加速，叶片就容易衰老和脱落。盆栽榕树在贮运至第

18 d 时失重率升高，第 27 d 该现象加剧，而此时榕树叶片开始出现大量脱落，推测此时榕树叶片和根系开始受到水分影响，可能出现水分亏缺前奏。

逆境胁迫对植物抗性生理的影响体现在膜透性增大，过氧化物累积伤害，抗逆境能力的不同则表现为 POD 和 CAT 活性的高低，可溶性糖和可溶性蛋白质等渗透调节物质浓度的升高，以及叶绿素含量的分解速率。本研究结果显示，盆栽榕树在贮运至第 18 d 时开始出现逆境伤害，膜透性变大，POD 活性先升高后降低，CAT 活性一直降低，抗氧化保护系统清除自由基的能力越弱；可溶性糖和可溶性蛋白含量出现先上升再下降的趋势，渗透调节物质含量形成减少，减弱了植物抗逆境能力；随着贮运胁迫时间的延长榕树叶片叶绿素含量出现下降的趋势，此现象的出现可能是由于叶绿素降解酶活性的升高产生的缘故，表明贮运后期榕树受到逆境胁迫的程度逐渐加深，表现为落叶率的升高。

（二）温度对盆栽榕树贮运效果的影响

低温贮藏具有减弱盆栽植物生命活动、减缓呼吸作用、减少水分损耗、降低能量消耗和抑制不利的生长活动等优点，延缓衰老进程。本试验结果显示，10℃和 13℃的贮运温度能有效地降低叶片的质膜透性，提高 CAT 活性，增加可溶性糖和可溶性蛋白质含量，延缓叶绿素的降解速度，而 16℃和 19℃的贮藏温度下减弱榕树的抗性生理，说明在这种逆境下，低温可以有效提高榕树的抗性能力，温度越高，呼吸强度越大，消耗营养越多，衰老越快；随着贮运温度的升高，榕树叶片叶绿素含量出现下降的趋势，此现象可能是由于叶绿素降解酶活性的升高产生的缘故，说明低温暗环境下植物叶绿素的分解速度大于合成速度。

温度是影响植物水分吸收与蒸腾的主要外界因素，通过影响水分含量而影响抗性的强弱，含水量高，代谢活动强，抗性降低，含水量低，代谢活动弱，抗性提高。10℃和13℃下的盆栽榕树的失重率要比16℃和19℃的贮藏温度来的高，即水分耗散程度较高，可能是由于低温条件下空气相对湿度低，榕树水分蒸发速度升高，导致失水严重。

环境温度的变化影响抗性生理即抗性能力的改变和体内水分的平衡，最终影响植物的衰老进程，表现在适宜的贮藏温度（即10℃和13℃）比16℃和19℃落叶率要低。榕树在16℃和19℃比在10℃和13℃下抗性能力较低，落叶率高，表明低温更有利于减缓榕树的生命代谢活动，维持榕树体内的营养物质，可能更有效降低促进脱落酸形成的相关酶的活性。而变温实验结果表明贮运开始时进行温度驯化能有效地延缓叶片衰老，降低落叶的作用，说明逐渐改变榕树生长环境的温度以提高适应能力具有重要意义，同时在长时间的贮运后能明显提高环境的适应性。贮运后期的升温处理却加速了榕树的衰老进程和提高了落叶率，可能原因是贮运后期榕树还处于暗环境下，提高温度只能是加速榕树的呼吸作用，增加本身的营养消耗，使得衰老进程加速。

（三）基质配比对盆栽榕树贮运效果的影响

栽培基质为植物生长提供稳定、协调的水、肥、气、热根际环境条件，影响植物的生长品质和抗性的强弱。使用70%椰糠+20%珍珠岩+10%草炭和80%椰糠+20%珍珠岩+10 g保水剂

两种基质配比组合移栽盆栽榕树，能够有效降低逆境下榕树叶片质膜透性和MDA含量，提高POD和CAT活性，提高叶片渗透调节物质和叶绿素含量，一定程度上提高榕树在逆境下的抗性能力，延缓植物衰老，降低落叶率。

保持基质中适量的水分和空气，是植物生长的基本要求，保持水气平衡是作为标准基质的关键。使用80%椰糠+20%珍珠岩+10 g保水剂配比培养的榕树失重率最高，其次是70%椰糠+20%珍珠岩+10%草炭，失重率最低的为使用单纯椰糠培养的榕树，表明失重率的变化与不同基质配比的持水能力有关，还与贮运环境的湿度条件有着很大的关系，推测还可能与贮运前处理浇水有很大关系。70%椰糠+20%珍珠岩+10%草炭和80%椰糠+20%珍珠岩+10 g保水剂两种配比具有较高的持水能力，贮运前一天一般进行浇透水，而持水能力大的基质所吸收的水量要相对较多，在同样的环境湿度下，水含量较多的基质水分扩散就较厉害，最终表现为失重率的提高。

基质是植物所需矿质养分的载体，具有保持水分、透气和缓冲作用的基质，可以使植物根际环境保持相对稳定，更重要的是使来自营养液的养分、水分便于植物根系从中按需选择吸收。70%椰糠+20%珍珠岩+10%草炭和80%椰糠+20%珍珠岩+10g保水剂两种配比组合具有适合植物生长的容重、孔隙度、EC和N、K、P等速效缓效营养成分，能够为榕树的生长提供稳定、协调、透气的根际环境，为促进榕树根系的发育提供良好的生长基础。而椰糠和80%椰糠+20%珍珠岩组合虽然也是适宜的基质配比，但这两种基质既没有70%椰糠+20%珍珠岩+10%草炭配比为榕树的生长提供丰富的速效缓效NKP营养，也没有 80% 椰糠 +20% 珍珠岩 +10 g 保水剂配比为榕树的生长提供具有提高水分含量，调节基质内部营养状况、促进吸收，因此使用单纯椰糠和 80% 椰糠 +20% 珍珠岩组合移栽榕树并不能为贮运提供抗性能力强的产品，表现在落叶率的提高。

（四）抗逆肥料对盆栽榕树贮运效果的影响

肥料的使用对提高观赏植物品质有重要的影响作用，特别是在提高抗性生理方面有重要的意义。100 倍液的高 K 型肥料能有效降低贮运榕树叶片质膜透性和 MDA 含量，提高叶片叶绿素、可溶性糖和可溶性蛋白质含量，两种类型肥料混合却能够提高叶片 POD 和 CAT 活性，而施用高 N 肥料的榕树却表现出相反的趋势，抗性能力变弱。表明高乐肥料使用恰当可以促进榕树的健壮成长，有利于为出口贮运提供抗性强的植株。

肥料的使用与叶片的脱落密切相关，肥料决定着植物营养的供给状况，使用合理有利于提高植物叶绿素、蛋白质含量和抗氧化物酶活性，延缓叶片衰老。使用 100 倍液高乐 K 型肥料灌根的榕树贮运 36 d 后平均落叶率仅为 8% 左右，而使用 100 倍液高乐 N 型的平均落叶率高达 20% 以上，表明落叶率的高低与肥料的种类有重要关系，使用 K 型肥（低氮含量）可以满足榕树的营养需求，也不会提高 N 素含量，有利于延缓叶片的衰老脱落，降低落叶率，而施用高 N 肥料（高氮含量）的榕树可能因为在无法补水条件下 N 肥含量过高导致根际 EC 偏大，引起植物根系受伤，衰老加速，表现为落叶率的提高。

（五）防落药剂对盆栽榕树贮运效果的影响

芸薹素内酯作为一种高效的植物生长调节剂，具有增强植物抗逆性、提高产品品质和产量的显著效果。使用芸薹素内酯

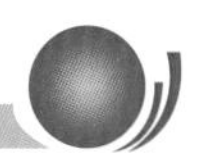

一定程度上延缓叶片质膜与外界环境的接触，避免质膜受到伤害，降低透性的作用，提高叶片POD、CAT活性和清除自由基的能力，增加可溶性糖含量。

芸薹素内酯在提高榕树抗性生理性质的同时也能延缓延缓叶片衰老的作用，降低贮运榕树落叶率的效果，表明芸薹素内酯可以提高逆境下榕树的抗性能力，可能原因是芸薹素内酯有降低乙烯和脱落酸生成的作用，从而起到提高植物抗逆境强度，降低落叶率的功能。

盆栽榕树叶片喷浓度为0.6 mg/L芸薹素内酯可以起到降低叶片细胞质膜透性，延缓细胞质膜受到伤害的作用；提高叶片POD和CAT活性，提高清除自由基的能力；增加可溶性糖含量，提高榕树抗性生理，延缓延缓叶片衰老，降低贮运榕树落叶率的效果，表明芸薹素内酯可以提高逆境下榕树的抗逆境强度的功能。

（六）各检测指标的相关性分析

各检测指标的相关性结果表明：贮运榕树的落叶率与叶片叶绿素含量、叶片细胞质膜透性、叶片MDA含量、叶片POD活性、CAT活性、可溶性糖含量、可溶性蛋白含量的相关系数均在0.7以上，这些生化性质可以作为榕树抗贮运暗环境胁迫的参考指标，但这些生化指标与榕树抗低温暗环境能力和落叶的关系值得进一步研究。

（七）低温补光对榕树贮运效果的影响

温度是影响植物水分吸收与蒸腾的主要外界因素，通过影响水分含量而影响抗性的强弱，含水量高，代谢活动强，抗性降低，含水量低，代谢活动弱，抗性提高。低温具有减弱盆栽植物生命活动、降低能量消耗和抑制不利的生长活动等优点，延缓衰老进程。

光照的质量和强度是影响植物生长的最重要因素之一，光对植物生长的影响是通过影响叶片的光合作用，进而影响有机物的积累，而有机物是植物生长的物质基础。光照强度对植物器官的脱落影响最大，光照充足，叶片不容易脱落；光照不足或无光照，叶片容易脱落。光照不足，植物光合速率降低，光合产物就少，同时也会阻碍光合产物运送到叶片等器官，从而影响着植物体内激素的调控平衡，导致生长素合成减少，脱落酸合成增加，最后使离层提早出现而促进叶片器官脱落。

黑暗环境主要影响生理生化性质的改变，这些改变也会影响着脱落的形成，如园艺学家经过长期的观察得知：凡是糖类含量高的叶片不易脱落；而糖类含量低的，则容易脱落。长期处于光照下培养的榕树突然转移到黑暗的集装箱内，容易引起叶片的黄化、脱落等现象。虽然榕树在光照充足的条件下表现为阳性植物，在光照不足或无光照下就表现为阴性植物，但贮运期间是处于暗环境且时间相对较长。在无法进行光合作用合成有机物的情况下只有消耗本身的营养物质，从而打破了正常的生理平衡，最终导致脱落的形成。

低温补光对贮运期间榕树各抗性生理和落叶率影响显著，能够有效降低逆境下榕树叶片丙二醛含量的增加，提高叶片渗透调节物质和叶绿素含量，促进基质内部水分的吸收，提高榕树在逆境下的抗性能力，降低落叶率。

采用专业设计 LED 植物生长调节灯作为补光光源，技术参数为：瓦数 =10 W，红光：蓝光≈（8～9）：1，光通量约为

900 Lm，利用该种灯型对盆栽榕树进行低温补光，对防止落叶起到良好的效果，落叶率比对照组下降了39.7%，更重要的是采用补光处理组能缩短盆栽榕树出库后恢复期，降低落叶率，没有补光组恢复期间落叶率明显高于其他处理组，20 d后落叶率达到40%，比补光组高50.2%。

五、盆栽榕树出口保鲜贮运标准化技术流程

（一）盆栽榕树出口贮运流程

采收前管理→采收→挑选→去土→清洗→修剪→晾干→介质准备→上盆包装→装柜上车→出口口岸→运输→进口口岸→提货→批发→零售。

（二）具体操作步骤

（1）采收前管理：主要田间管理，培育无病虫害、健壮的植株。

（2）采收：选择生长健壮、无病虫害、质量上等的植株，防止机械损伤。

（3）挑选：按客户要求，进行等级挑选。

（4）去土：去掉植株根部的土。

（5）清洗：用无污染的自来水冲洗植株上的杂质及根部的土壤。

（6）修剪：根据需要进行适当的修剪。

（7）消毒：将植株头部浸泡在配制好的消毒液中5~10 min。

（8）晾干：将消毒好的植株放置在阴凉处晾干。

（9）介质准备：介质的配制与消毒。

（10）上盆包装：按规格要求用介质进行上盆，上盆后进

行浇水；进行管理，待长根后出口。

（11）报检报关：将材料进行检验检疫，报关。

（12）装柜上车：一般用木柜，规格按照集装箱的规格，植物按要求排列整齐。集装箱温度设置在：（15±1）℃。

（13）运输：利用船只或飞机进行运输。

（14）到岸通关。

（15）提货。

（16）整理养护。

（17）批发零售。

榕树出口保鲜贮运操作流程图

挑选：按客户要求，进行等级挑选

去土：去掉植株根部的土

清洗：冲洗植株上的杂质及根部的土壤

修剪：根据需要进行适当的修剪

消毒：在配制好的消毒液中 5~10min 后晾干

介质准备：介质的配制与消毒

上盆包装：进行上盆，上盆后进行栽培管理

装柜上车：温度设置在（15±1）℃

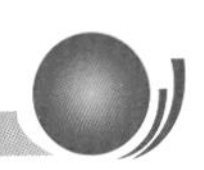

（三）盆栽榕树出口保鲜贮运操作规范

1．工序名称：初冲洗

<table>
<tr><td rowspan="8">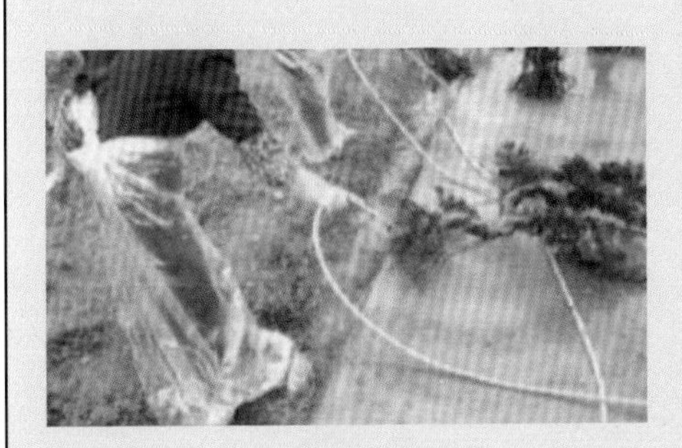
冲洗

冲洗后</td><td>一、材料与器具</td></tr>
<tr><td>检验过的气根榕、枝剪、清洗机台</td></tr>
<tr><td>二、操作步骤</td></tr>
<tr><td>1．挖去根隙中的土块
2．搬至冲洗场所
3．把水压调至适当大的压力
4．初步冲洗，洗去表面和根隙中的泥沙及杂质
5．洗后放在地坂上</td></tr>
<tr><td>三、注意事项</td></tr>
<tr><td>1．水压不能太大，以免洗破皮
2．操作过程中要轻拿轻放，以免弄伤枝条</td></tr>
<tr><td>四、质量标准</td></tr>
<tr><td>1．植株表面无泥沙和其他杂质
2．植株无机械伤</td></tr>
</table>

2. 工序名称：修剪

<table>
<tr>
<td rowspan="8">
剪根

修枝条</td>
<td>一、材料与器具</td>
</tr>
<tr><td>气根榕、剪刀</td></tr>
<tr><td>二、操作步骤</td></tr>
<tr><td>1. 把初冲洗后的植株搬运至剪根场所
2. 挑出有孔洞（旧伤口、新伤口、虫孔）的植株
3. 剪去须根、烂根、根瘤和死亡根
4. 去除砧木上萌发的枝条，剪短接穗上过长的枝条</td></tr>
<tr><td>三、注意事项</td></tr>
<tr><td>1. 根不能剪过短，以可以放进盆内为准
2. 操作过程中要小心，不能剪伤、碰伤植株</td></tr>
<tr><td>四、质量标准</td></tr>
<tr><td>1. 植株无须根、根瘤、死亡根
2. 无砧木上萌发的枝条
3. 无徒长枝</td></tr>
</table>

3. 工序名称：冲洗

<table>
<tr><td rowspan="8">
冲洗干净

冲洗</td><td>一、材料与器具</td></tr>
<tr><td>修剪好的气根榕、清洗机台</td></tr>
<tr><td>二、操作步骤</td></tr>
<tr><td>1. 把水压调至适当压力
2. 洗净植株至无泥沙和其他杂质为止，包括茎杆上的青苔
3. 洗干净后放在干净的地板上或推车上</td></tr>
<tr><td>三、注意事项</td></tr>
<tr><td>1. 水压不能过大，以免洗伤植株
2. 操作过程中要轻拿轻放</td></tr>
<tr><td>四、质量标准</td></tr>
<tr><td>1. 植株无泥沙和其他杂质
2. 植株无机械伤</td></tr>
</table>

4. 工序名称：消毒、沥干

<table>
<tr><td rowspan="8">
消毒

沥干</td><td>一、材料与器具</td></tr>
<tr><td>300 L 水桶或深水槽、根腐宁、阿维菌素</td></tr>
<tr><td>二、操作步骤</td></tr>
<tr><td>1. 毒液：3000 倍的杀虫素或 1200~2000 倍阿维菌素，搅拌均匀待用
2. 消毒的气根榕根部浸泡消毒 2~3 min
3. 植株放在桶面沥干水 5~10 s，再放到地板上
4. 水后直接处理、包装出货
5. 盆的植株晾干水后搬至上盆场所</td></tr>
<tr><td>三、注意事项</td></tr>
<tr><td>1. 要浸没植株根部
2. 时间不能过短
3. 消毒液要当天配制当天使用
4. 消毒过程中要注意人员安全</td></tr>
<tr><td>四、质量标准</td></tr>
<tr><td>1. 消毒时间 2~3 min
2. 不能失水</td></tr>
</table>

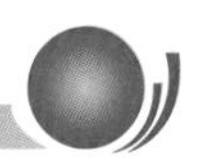

5. 工序名称：上盆

<table>
<tr><td rowspan="8">
营养杯

种植</td><td>一、材料与器具</td></tr>
<tr><td>消毒过的气根榕、椰糠、珍珠岩、泥炭土、营养杯</td></tr>
<tr><td>二、操作步骤</td></tr>
<tr><td>1. 基质: 11包椰糠(45 kg/包）+4 包珍珠岩，等椰糠泡开后，搅拌均匀备用
2. 先在盆底垫 1/4 基质，再放进植株，从盆缘加满基质，压实即可
3. 搬至养护区整齐摆放</td></tr>
<tr><td>三、注意事项</td></tr>
<tr><td>不能种植太浅，要种直立</td></tr>
<tr><td>四、质量标准</td></tr>
<tr><td>1. 植株直立，能够站稳
2. 后基质离杯面 1~2 cm</td></tr>
</table>

6. 工序名称：养护

<table>
<tr><td rowspan="8">
整齐摆放

生长良好</td><td>一、材料与器具</td></tr>
<tr><td>喷头、机台、剪刀</td></tr>
<tr><td>二、操作步骤</td></tr>
<tr><td>1. 上盆摆放后要每天喷雾2~3次，直至长根，保持基质湿润
2. 长根后每个月用1000倍的复合肥溶液浇灌一次
3. 修剪过长的枝条和去除砧木上的萌芽
4. 每半个月进行预防性地喷药一次
5. 当发现病害时，要针对性地喷药，使用浓度和频率依使用说明</td></tr>
<tr><td>三、注意事项</td></tr>
<tr><td>1. 肥料和药物的使用浓度不能太高，以免伤害植株
2. 禁止使用敌敌畏。</td></tr>
<tr><td>四、质量标准</td></tr>
<tr><td>1. 植株无病虫、无腐烂
2. 植株无徒长，叶色浓绿</td></tr>
</table>

7. 工序名称：出货

<table>
<tr><td rowspan="8"></td><td>一、材料与器具</td></tr>
<tr><td>机台、叉车、剪刀</td></tr>
<tr><td>二、操作步骤</td></tr>
<tr><td>1. 挑苗：无烂苗，无红蜘蛛吃过的叶片，摘除黄叶
2. 出口前 3~4 d 灌药，杀虫素 600 倍液
3. 出货前一天喷药，毒丝本 1000 倍液</td></tr>
<tr><td>三、注意事项</td></tr>
<tr><td>用药时要注意安全</td></tr>
<tr><td>四、质量标准</td></tr>
<tr><td>1. 带盆出货见“气根榕出口质量标准”
2. 裸根出货见“裸根气根榕出口质量标准”</td></tr>
</table>

第三章 水仙花出口保鲜贮运技术

一、概述

水仙（*Narcissus tazetta* L. var. *chinensis* Roem）属石蒜科水仙属多年生草本植物，喜温凉湿润，忌炎热，其生长的气温范围为5~25℃，最适生长温度为12~20℃。当气温高于25℃时，植株停止生长，进入休眠期，但在休眠期鳞茎体内呼吸代谢活动及花芽分化仍在进行；当气温低于5℃时，呼吸代谢过程放慢，生长与分化受抑制，且对0℃以下的低温也具有较强的耐受能力。

中国水仙是我国的十大传统名花之一，也是福建省花、漳州市花，是漳州甚至是福建省的名片之一。漳州水仙花因粒大、花繁、品质优良，并有独特的雕刻艺术而名声远扬，自古就畅销港澳东南亚及欧美。这些年获得荣誉无数，如原产地标志，中国驰名商标等。漳州地区水仙每年的栽培面积达1万多亩，年产商品花球4000万粒以上，但由于保鲜技术的落后，只出口少量的商品球（主要是港澳台地区）。

水仙花采用雕刻法进行艺术造型后形成盆景，因株型优美、形态多样，具有很好的市场潜力，经雕刻的水仙花身价也几倍增长。但花卉出口是一种长距离的运输过程，水仙花雕刻品需长时间处在“缺光”“断水”空气流通差的不良生长环境下，植株的生理代谢受到逆境胁迫的影响而出现叶片黄化、根系干枯、鳞茎霉变甚至腐烂等问题，严重降低了其欣赏性及商品价

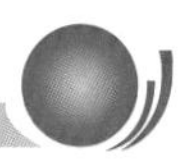

值，限制了水仙花的出口。如何根据复杂的环境条件制订相应的药剂保鲜措施，与物流冷链综合处理技术配合使用，在保证品质的前提下尽可能降低保鲜成本，成为出口水仙花雕刻品急需解决的问题。

目前对水仙花雕刻品出口贮运保鲜技术相关的研究并不多见，我们主要参照盆栽植物和鲜切花的保鲜情况并结合水仙花的生理特点，对水仙生长调控、水培时间、包装处理、贮运温度等几方面进行研究，试图解决限制水仙花雕刻品出口贮运保鲜技术的难题。

大量研究表明，经过植物生长调节剂处理能有效增强植物抗逆生理，延缓植物的衰老。关于水仙花生长调节剂处理，陈剑平研究发现用 PP_{333} 处理的水仙比对照的叶片厚、宽，叶色较浓绿，叶绿素含量增加，并且花朵增大、花期延长；汪良驹等试验结果表明用 250 mg/L PP_{333} 处理水仙花鳞茎时也发现叶色变宽变厚，叶色变浓，根系粗壮，单根重增加。在水仙花水养时间上，马文其指出，从开始雕刻水仙花水养至开花，11 月份需要 40 d 左右，12 月份需要 32 d 左右，1 月份需要 25 d 左右。

二、不同植物生长调节剂对水仙花贮运最佳浓度的筛选

在研究花卉保鲜方面，采用生长调节剂处理能引起、加速或抑制植物体内各种生理和生化进程，保持叶片和花瓣的色泽，从而延缓植株的衰老过程，提高花卉品质，延长货架寿命和瓶插寿命已有许多报道，但在水仙花贮运保鲜方面却没有相关的研究。本章对水仙花贮运前使用 6-BA、PP_{333}、碧护等调节剂的不同浓度梯度进行水培处理，期望通过调控株型，改变水仙花

生长习性而提高水仙花的耐贮藏性，并从中筛选作为水仙花贮运保鲜的最佳处理浓度。

（一）不同植物生长调节剂处理与鳞茎失重率的关系

用 6-BA、PP_{333} 和碧护处理在一定程度上都能降低水仙花鳞茎在贮藏期间的水分的损耗，保持水仙花的新鲜品质，延长其贮藏时间，这与兰霞等、胡小京等的研究结果相似，但三个处理的效果存在较大差异。其中，效果最好的是用碧护药剂处理，在贮藏第 28 d 时鳞茎失重率才开始大幅增加；其次是 6-BA 处理，在贮藏第 21 d 时鳞茎重量损失严重；效果最差的是 PP_{333} 处理，其鳞茎失重率变化趋势与对照相似，虽然 PP_{333} 处理不能延缓水分的损耗，但最终的失重率仍然比对照组低。

（二）不同植物生长调节剂处理与叶绿素含量变化的关系

6-BA 可抑制植物叶内叶绿素的分解，促进细胞分裂，延缓衰老等作用；PP_{333} 使植物矮化、叶片增厚、叶色浓绿，有利于抑制植物营养生长；碧护是含有天然植物内源激素、黄酮类物质和氨基酸等多种植物活性物质，具有生长素、赤霉素、芸薹素等植物激素的多种功效，具有显著提高植物抗逆性的能力。

用碧护处理和 6-BA 处理的水仙花在贮藏期间叶绿素先略有增加后逐渐减少，而 PP_{333} 处理从贮藏开始叶绿素就逐渐减少。并且用碧护处理的水仙花叶绿素在贮藏期间的变化幅度最小，其次是 6-BA 处理，最后的是 PP_{333} 处理。由此可知，不同类型的植物生长调节剂对保持叶绿素的能力有很大差别，天然植物激素复配产品比单一植物生长调节剂效果好。

（三）不同植物生长调节剂处理与 MDA 含量变化的关系

植物生长调节剂调节衰老的作用机理之一就是维持膜的稳

定性，延缓叶片膜透性的增大。分析 6-BA、PP_{333} 和碧护等三种类型处理的 MDA 含量变化趋势可以发现，使用碧护处理的效果最好，在贮藏第 28 d 后 MDA 含量才明显增加；其次是 6-BA 处理，在贮藏第 21 d 后 MPA 含量增加；最后的是 PP_{333} 处理，在贮藏第 14 d 后幅度增大。

（四）不同植物生长调节剂处理最适浓度

1. 6-BA 处理的最适浓度

不同浓度 6-BA 处理在保持水仙花鳞茎重量，减少水分损耗，抑制叶绿素分解，维持水仙花的外观品质等方面表现各不相同。浓度为 25 mg/L 在贮藏第 35 d 时鳞茎失重率、叶绿素含量和 MDA 含量方面均比其他浓度处理效果显著（$P < 0.05$）。因此，使用浓度为 25 mg/L 的 6-BA 作为水仙花贮运保鲜处理较理想。

2. PP_{333} 处理的最适浓度

在贮藏期间水仙花随 PP_{333} 处理浓度的增大其徒长的程度越低，但当 PP_{333} 处理浓度过大可能对植株存在毒害作用，存在叶内叶绿素含量降低明显，黄化严重，膜质过氧化产物 MDA 含量多等问题，对水仙花贮藏不利。在贮藏第 35 d 时，浓度为 300 mg/L 和 400 mg/L 处理的水仙花显著比浓度为 100 mg/L 和 200 mg/L 处理的水仙花叶绿素含量低、MDA 含量高。综合比较 100 mg/L 与 200 mg/L 处理的水仙花鳞茎失重率、叶绿素含量和 MDA 含量变化情况，认为 200 mg/L PP_{333} 作为水仙花贮运保鲜处理浓度较为适宜。

3. 碧护处理的最适浓度

经碧护处理的水仙花在保持鲜重、叶内叶绿素含量、抑制MDA产生具有很好的效果。浓度为50 mg/L和350 mg/L处理的叶绿素、MDA及失重率比浓度为150 mg/L和250 mg/L处理的效果好，出现这种现象的原因可能是由于碧护由天然植物激素复配而成其有效成分与植株体内的激素之间具有较好的协调能力。多重比较发现，50 mg/L处理的水仙花在失重率、叶绿素和MDA含量方面都与其他三种处理存在极显著关系($P<0.01$)，因此，认为50 mg/L碧护作为水仙花贮运保鲜处理浓度较为理想。

三、水仙花雕刻品出口保鲜贮运技术

水仙花采用雕刻艺术造型后能呈现出栩栩如生、形态各异的景观而深受人们喜爱，但在出口运输过程中，因长时间处于“弱光”“缺水”、空气流通性差等逆境胁迫的影响，水仙花会出现叶片黄化、鳞茎霉变腐烂、花苞干枯等问题，严重降低了产品的观赏性及商品价值，从而也限制了水仙花雕刻品的出口。如何根据复杂的环境条件采取相应的保鲜处理，并与冷链物流综合处理技术配合使用，在保证出口品质的前提下尽可能降低保鲜成本，成为水仙花雕刻品出口急需解决的问题。

针对中国水仙花雕刻品经过长时间暗环境贮运后会出现叶片黄化、鳞茎霉变、花苞干枯等问题，选择水培时间、保鲜药剂处理、包装形式、贮运温度、贮运时间等五个因素四水平的正交试验处理并模拟水仙花出口贮运，试图探索出水仙花雕刻品出口贮运保鲜关键技术。通过观测不同贮运时间下的水仙花商品率和叶片的生理生化的变化情况，得出如下结论：

（一）贮运时间

随贮运时间的延长，水仙花商品率在贮运第 18 d 后下降明显，可能是水仙花植株因逆境胁迫开始出现伤害，导致生理抗性机能降低。从生理生化性质来看，贮运第 18 d 时，可溶性蛋白含量和可溶性糖含量达到最高值，POD 活性达到最大值后迅速下降，MDA 含量增加幅度明显，这些变化也反映出水仙花已经开始衰老；而叶片内总含水量在第 27 d 时减少的幅度明显，这可能因叶片衰老造成细胞膜透性变大的缘故；水仙花叶片叶绿素含量从贮运开始就逐渐降低。综合分析认为，贮运第 18 d 时是水仙花品质下降幅度增大的分界点，同时也可以作为考察各处理对保持水仙花品质效果好坏的标准。

（二）保鲜剂处理

保鲜剂处理能有效提高水仙花的商品率，增加叶片总含水量，抑制叶绿素的降解，维持可溶性蛋白和可溶性糖的含量，保持 POD 活性，减少 MDA 的含量，但不同保鲜药剂之间差异很大。在贮运 36 d 期间以 50 mg/L 碧护处理的水仙花的商品率最高，叶绿素、总含水量、可溶性蛋白和可溶糖含量的变化幅度最小，膜质氧化产物 MDA 含量最低。因此，水仙花在贮运前使用浓度为 50 mg/L 碧护作为保鲜剂处理对保持其出口贮运品质较为理想。

（三）水培时间

水培时间为 14 d 和 16 d 处理与 12 d 和 18 d 处理对水仙花商品率的影响存在差异显著，且能减缓总含水量的降低，保持叶绿素的含量，使 POD 活性保持较高水平；另外，水培时间 12 d 和 18 d 处理对保持可溶性蛋白含量和可溶性糖含量不利；

水培时间的不同水平之间对水仙花贮运期间 MDA 含量变化无显著影响。

（四）贮运温度

不同水平之间对水仙花商品率及生理生化的影响显著。当贮运温度为 0℃和 4℃时能极显著提高水仙花的商品率，保持叶片内的总含水量，防止水分的散失，延缓叶绿素的降解，稳定可溶性糖和可溶性蛋白含量，保持 POD 活性，抑制叶片内 MDA 含量的产生，从而有效延缓水仙花的衰老，延长贮藏期，而贮运温度为 8℃和 12℃处理没有这样的效果。因此，温度为 0℃或 4℃对水仙花贮运保鲜较为理想。

（五）包装类型

包装类型的不同水平对水仙花商品率及生理生化变化的影响各不相同。经过密封处理能保持水仙花总含水量、降低 MDA 含量，延缓叶绿素、可溶性蛋白和可溶性糖的分解，而贮运前使用 1-MCP 熏蒸处理能抑制乙烯的产生，推迟花苞开裂，提高水仙花的品质。本试验研究结果表明，1 mg/L 1-MCP 熏蒸 12 h+PE 袋密封处理相比其他水平处理能显著提高水仙花的商品率（a=0.05）。

（六）出口贮运保鲜最佳组合

分析各因素对水仙花测定指标影响的主次顺序发现，贮运时间和贮运温度对水仙花贮运品质起主导作用，其次是包装类型，最后的是保鲜剂和水培时间。

比较不同优化模拟组合处理的水仙花商品率，认为，水仙花出口贮运保鲜最理想的处理组合方式为保鲜剂浓度为 50 mg/L 碧护溶液、水培时间 14 d、包装类型以 1 mg/L 1-MCP 熏蒸 12 h+PE

袋密封处理、贮运温度 4℃。

四、不同保鲜剂对贮运水仙花花朵性状的影响

水仙花经过长时间贮运，其花朵性状会受逆境的胁迫而出现花期提前、变短等现象，从而影响水仙花的观赏期。而在切花保鲜中使用保鲜剂处理能延长切花的瓶插寿命，借鉴相关经验，希望通过采用碧护、氨基酸和 1-MCP 等的不同保鲜剂处理水仙花，研究其对水仙花朵的性状的影响，从而探索出适合水仙花贮运后改善其观赏期的方案，达到提高品质的目的。

关于切花保鲜中使用植物生长调节剂、营养液能延长切花的瓶插寿命的报道有许多，且不同药品使用不同品种的效果差异迥异。碧护主要功能是调节植物体内各激素的平衡；aa 主要补充营养物质，促进新陈代谢；而 1-MCP 则抑制乙烯活性，减轻膜脂过氧化，降低质膜透性，使切花寿命延长，提高观赏值。结果表明，单独使用碧护、aa 或 1-MCP 熏蒸处理相对清水处理虽能延缓水仙花的始花期、盛花期和增加单花花期，但处理之间对其影响并无显著性差异，然而使用两种及以上药剂处理对水仙花始花期、盛花期的影响达到显著性差异。由此说明，单一的药剂处理对水仙花朵性状的影响并不明显，而多种药剂联合使用后产生协同作用，效果增加，出现这种现象的原因有待进一步的研究。产生各处理对水仙单花花期无显著差异可能因水仙是完整的植株体，在条件合适的情况下，水仙花的新陈代谢受外界影响相对较弱。

从不同处理对水仙花朵性状的影响结果可知，效果最好的是 1 mg/L 1-MCP 熏蒸 12 h+3 mL/L aa+50 mg/L 碧护处理，相比

CK 清水能有效推迟水仙花的始花期、盛花期分别达 2 d、4 d，延长单花花期达 1.5 d；其次是 1 mg/L 1-MCP 熏蒸 12 h +50 mg/L 碧护处理。通过多重比较分析发现，1 mg/L 1-MCP 熏蒸 12 h+3 mL/L aa+50 mg/L 碧护处理与 1 mg/L 1-MCP 熏蒸 12 h+50 mg/L 碧护处理对水仙花始花期、单花花期的影响无显著差异（a=0.05），而对盛花期的影响达到极显著差异；3 mL/L aa 处理、50 mg/L 碧护处理和 3 mL/L aa+50 mg/L 碧护处理与 CK 之间对水仙花始花期、盛花期、单花期的影响无显著差异（a=0.05）。

五、雕刻水仙花出口保鲜贮运标准化技术流程

根据实际生产与出口，根据实际生产与出口标准化、规范化要求，总结雕刻水仙花出口贮运保鲜生产技术操作规范。

（一）雕刻水仙花出口贮运流程

鳞茎挑选→除杂→雕刻→浸泡、清洗黏液→包裹→上盆水培→艺术造型→包装→冷链运输→销售。

（二）具体操作步骤

（1）鳞茎挑选：选择鳞茎大小一致、无病虫的商品球。

（2）除杂：去除鳞茎表面的泥土、老根及质膜鳞片。

（3）雕刻：根据鳞茎形态、市场需求的产品类型进行雕刻。

（4）浸泡：将雕刻后的鳞茎用清水浸泡 24h，期间换水 2~3 次并清洗鳞茎伤口处的黏液。

（5）包裹：使用脱籽棉将雕刻的鳞茎球基部包裹，防止褐变及利于根系生长。

（6）水培：用清水进行水培，每 2 d 换一次溶液，液面高度以磷盘基部持平为标准。

（7）造型：根据客户要求、植株生长形态进行艺术造型。

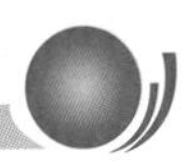

（8）包装：套袋密封，用橡皮筋将鳞茎固定在泡沫盒上，并装于纸盒。

（9）报检报关：将材料进行检验检疫，报关。

（10）装柜上车：一般用木柜，规格按照集装箱的规格，植物按要求排列整齐。集装箱温度设置在：（4±1）℃

（11）运输：利用船只或飞机进行运输。

（12）到岸通关。

（13）提货。

（14）整理养护。

（15）批发零售。

水仙花出口保鲜贮运操作流程图

鳞茎挑选

剥去鳞片、根系及泥土

雕刻

浸泡

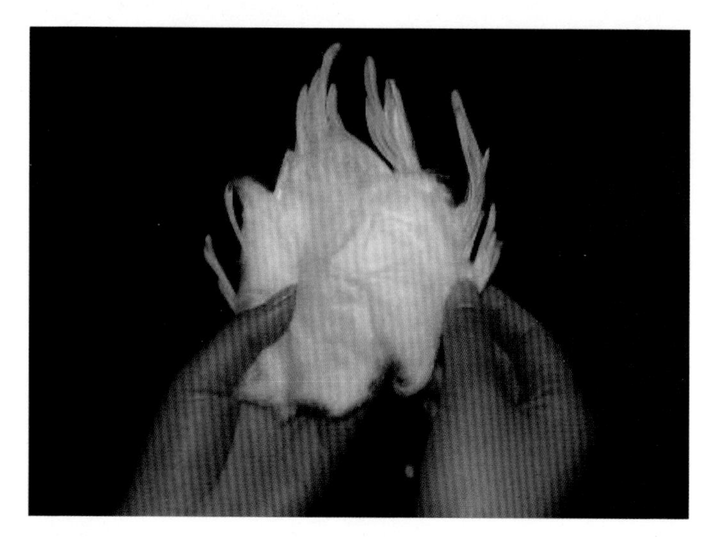

脱脂棉包裹

入盆水养

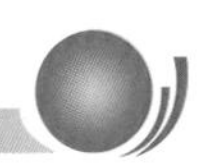

水养（1）

水养（2）

固定

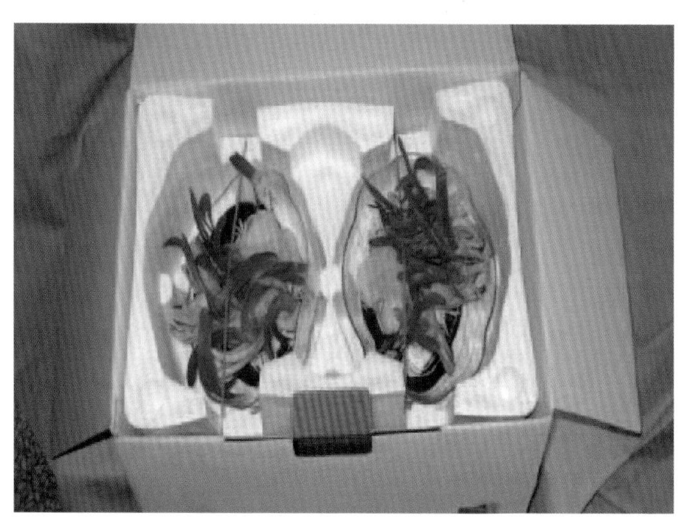

装盒

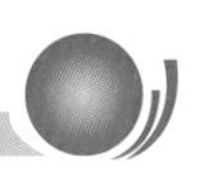

装柜出口

销售

第四章 金边虎尾兰出口保鲜贮运技术

一、概述

金边虎尾兰（*Sansevieria trifasciata* Prain var. *laurentii* (De Wildem.) N. E. Brown）是一种龙舌兰科虎尾兰属类生物，金边虎皮兰为多年生草本植物。根茎部卷成筒状，叶片抽出时为筒状，随着叶片逐步升高，会渐渐展开平生。分布于非洲热带地区和印度及亚洲南部。金边虎皮兰是一种能净化室内环境的观叶植物。美国宇航局的科学家们研究发现，金边虎皮兰在吸收二氧化碳的同时能释放出氧气，使室内空气中的离子浓度增加。当室内有电视机或电脑启动的时候，对人体非常有益的离子会迅速减少，而金边虎皮兰的肉质茎上的气孔白天关闭，晚上打开，释放离子。在 15 m^2 的室内，摆放 2 ～ 3 盆金边虎皮兰，能吸收室内 80% 以上的有害气体。

金边虎皮兰为多年生草本植物。根茎部卷成筒状，叶片抽出时为筒状，随着叶片逐步升高，会渐渐展开平生。叶片肥厚革质，金边虎尾兰为多年生肉质草本植物。具匍匐的根状茎，褐色，半木质化，分枝力强。叶片从地下茎生出，丛生，扁平，直立，先端尖，剑形；叶长 30 ～ 50 cm，宽 4 ～ 6 cm，全缘。叶色浅绿色，正反两面具白色和深绿色的横向如云层状条纹，状似虎皮，表面有很厚的蜡质层。花期一般在 11 月，具香味，

多不结实。

金边虎尾兰曾是福建漳州最重要的出口特色花卉品种之一，近几年来发展态势良好。2005年漳州共出口金边虎尾兰1961.7万株，创汇275.8万美元，占花卉出口总额的50.68%。盆栽虎尾兰的出口已成了漳州新的出口创汇增长点。但由于技术因素盆栽虎尾兰出口损失惨重。主要在于出口企业操作上的不规范，缺乏技术支持，经常出现因检疫出病虫害而被退柜、熏蒸、销毁的问题，损失惨重。而因保鲜问题出现客户索赔的更是多不胜数，保守估计漳州的出口年损失在30万美元左右。加入WTO后各贸易国的技术壁垒开始发挥作用，各贸易国都加大检疫力度，如欧盟、美国、加拿大、韩国都与我国签订了出口盆景的生产场地认证规定，这将使更多的盆栽花卉出口企业遇到更多的技术问题。

二、金边虎尾兰出口病虫害的防治

选择77%可杀得可湿性粉剂、75%百菌清可湿性粉剂、47%加瑞农可湿性粉剂、70%甲基托布津可湿性粉剂、45%施保克乳剂，每种杀菌剂中均加入800~1000倍的杀线磷，进行金边虎尾兰病虫害防治研究，通过观察，从表1得出使用甲基托布津或施保克800~1000倍液再加上800~1000倍的杀线磷浸泡1~2 min效果最好，检疫性害虫灭活率达100%，且符合进口国要求。

三、金边虎尾兰出口贮运技术

椰糠加珍珠岩（7：3）、贮运温度12~16℃，叶子保持最好，叶绿素变化较小，商品价值最高，贮运35 d后商品率达93%以上。

四、金边虎尾兰的出口保鲜贮运标准化技术流程

（一）金边虎尾兰出口贮运流程

采收前管理→采收→挑选→去土→清洗→修剪→晾干→介质准备→上盆包装→装柜上车→出口口岸→运输→进口口岸→提货→批发→零售。

（二）具体操作步骤

（1）采收前管理：主要是田间管理，培育无病虫害、健壮的植株。

（2）采收：选择生长健壮、无病虫害、质量上等的植株，防止机械损伤。

（3）挑选：按客户要求，进行等级挑选。

（4）去土：去掉植株根部的土。

（5）清洗：用无污染的自来水冲洗植株上的杂质及根部的土壤。

（6）修剪：根据需要进行适当的修剪。

（7）消毒：将植株头部浸泡在配制好的消毒液（敌敌畏、益苏宝、甲基托布津等）中 5~10 min。

（8）晾干：将消毒好的植株放置在阴凉处晾干。

（9）介质准备：介质的配制（20%珍珠岩+80%椰糠）与消毒。

（10）上盆包装：按规格要求用介质进行上盆，上盆后进行浇水；进行管理，待长根后出口。

（11）报检报关：将材料进行检验检疫，报关。

（12）装柜上车：一般用木柜，规格按照集装箱的规格，把植物按要求排列整齐。装好柜用铲车装上车。集装箱的温度设置在：（15±1）℃。

（13）运输：利用船只或飞机进行运输。

（14）到岸通关。

（15）提货。

（16）批发零售。

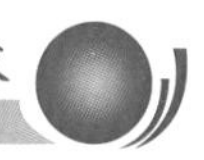

金边虎尾兰出口保鲜贮运操作流程图

鳞茎挑选

栽培介质通常使用椰糠与珍珠岩 7:3 混合，介质在使用前用热蒸汽处理（80 ℃，30 min 以上），晾干

原料用清水冲洗，要冲洗彻底、干净

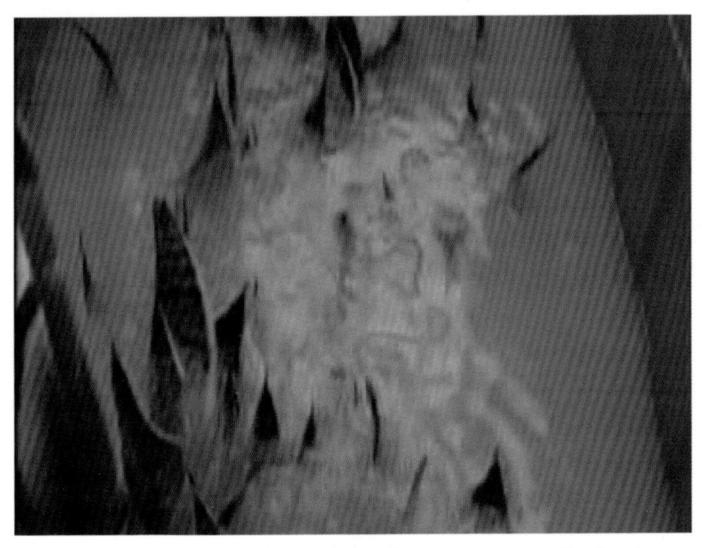

原料用甲基托布津或施保克 800~1000 倍液再加上 800~1000 倍的杀线磷浸泡 1~2min 消毒

在通风的室内将虎尾兰倾斜摆放，晾干 2 d

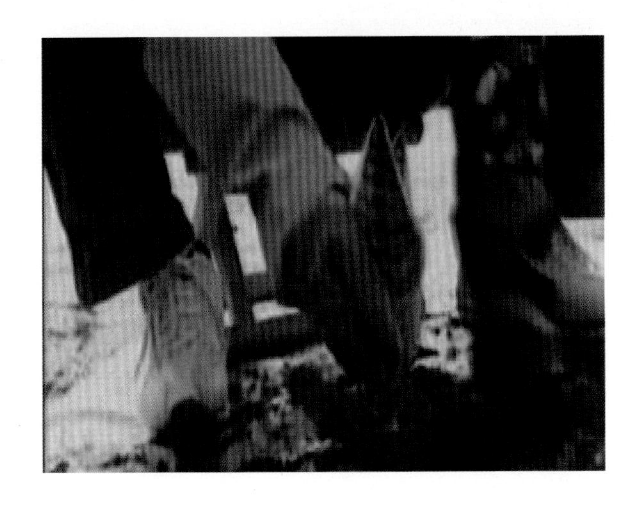

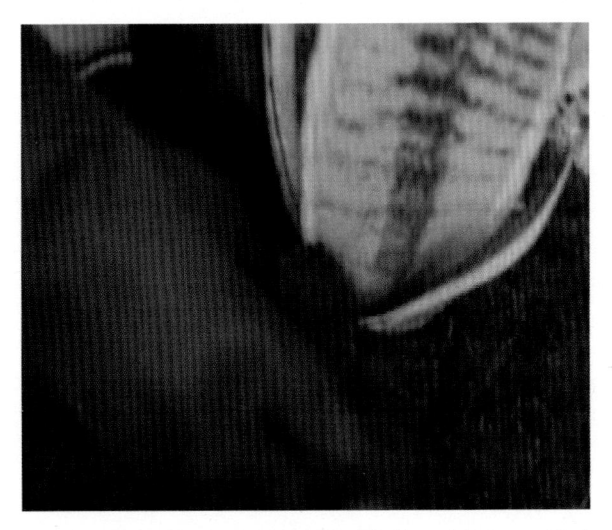

将晾好的原料装入合适的塑料盆，放入配比好的栽培介质，5~7d 以后要浇水施肥

经栽培管理后，将符合的成品装在木箱中装柜出口，集装箱温度控制在 15℃。

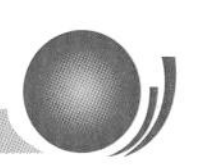

（三）金边虎尾兰出口保鲜贮运操作规范

1. 工序名称：冲洗根

<table>
<tr><td rowspan="8">
冲洗根部
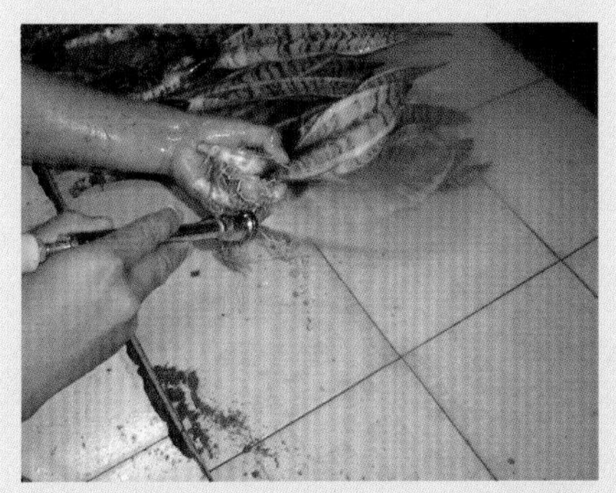
冲洗叶面

洗净后竖直放置</td><td>一、材料与器具</td></tr>
<tr><td>合格的虎皮兰、清洗机台、硬框</td></tr>
<tr><td>二、操作步骤</td></tr>
<tr><td>1. 把水压调至适合压力（尽量低）
2. 先把根茎部的土冲洗干净，再稍微冲洗叶片上的泥土
3. 洗净后植株竖直放在硬框内
4. 整框运至洗叶场所</td></tr>
<tr><td>三、注意事项</td></tr>
<tr><td>1. 水压不能过大，以免洗伤植株
2. 操作过程中要轻拿轻放</td></tr>
<tr><td>四、质量标准</td></tr>
<tr><td>1. 植株根茎部无泥沙和其他杂质
2. 植株无机械伤</td></tr>
</table>

2. 工序名称：冲洗叶

<table>
<tr><td rowspan="8">
洗净后放置</td><td>一、材料与器具</td></tr>
<tr><td>气根榕、剪刀</td></tr>
<tr><td>二、操作步骤</td></tr>
<tr><td>1. 把初冲洗后的植株搬运至剪根场所
2. 挑出有孔洞（旧伤口、新伤口、虫孔）的植株
3. 剪去须根、烂根、根瘤和死亡根
4. 去除砧木上萌发的枝条，剪短接穗上过长的枝条</td></tr>
<tr><td>三、注意事项</td></tr>
<tr><td>1. 根不能剪过短，以可以放进盆内为准
2. 操作过程中要小心，不能剪伤、碰伤植株</td></tr>
<tr><td>四、质量标准</td></tr>
<tr><td>1. 植株无须根、根瘤、死亡根
2. 无砧木上萌发的枝条。
3. 无徒长枝</td></tr>
</table>

3. 工序名称：切根、分级

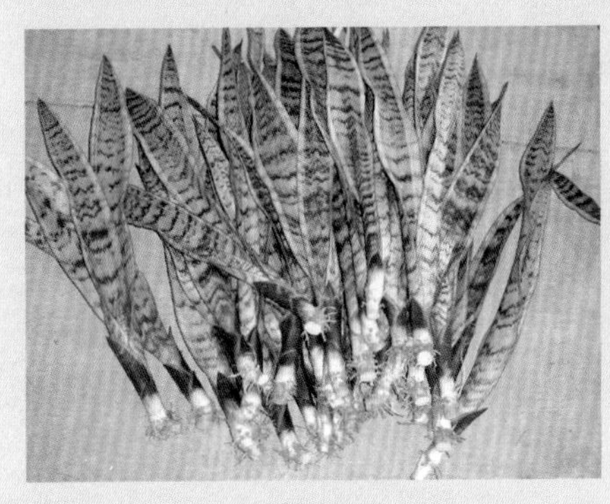

分级后

一、材料与器具

洗干净的虎皮兰、切刀

二、操作步骤

1. 把晾干区域打扫干净，把虎皮兰整齐摆放好
2. 切除过长的茎，保留 1.8~2.2 cm 长
3. 尽量把根切除
4. 依株高进行分级，每 10 cm 为 1 个规格
5. 各种规格植株需要分开放置

三、注意事项

1. 茎杆要切平
2. 操作过程中要小心，不要造成机械伤

四、质量标准

1. 切口平整
2. 茎长 1.8~2.2 cm

附：

分级规格：10~20 cm、20~30 cm、30~40 cm 以此类推

4. 工序名称：消毒、晾干

<table>
<tr><td rowspan="8"></td><td>一、材料与器具</td></tr>
<tr><td>300L 水桶、农用链霉素、甲基托布津</td></tr>
<tr><td>二、操作步骤</td></tr>
<tr><td>1. 配消毒液：3000 倍农用链霉素 +800 倍甲基托布津，搅拌均匀备用
2. 把整株虎皮兰放进消毒液中，浸泡消毒 2~3 s
3. 提起植株放在桶面沥干水 1~2 min，再放到地板上排开晾干
4. 晾干后搬至上盆区域或直接出货</td></tr>
<tr><td>三、注意事项</td></tr>
<tr><td>1. 消毒液要当天配制当天使用
2. 药液要浸没整个植株
3. 消毒时间不用过长，浸湿即可
4. 晾干时植株不能放得太厚
5. 晾干场所要清扫干净。</td></tr>
<tr><td>四、质量标准</td></tr>
<tr><td>1. 植株消毒时间 2~3 s
2. 晾干至茎杆切口发白</td></tr>
</table>

5. 工序名称：上盆

<table>
<tr><td rowspan="8">
放植株，新叶朝内
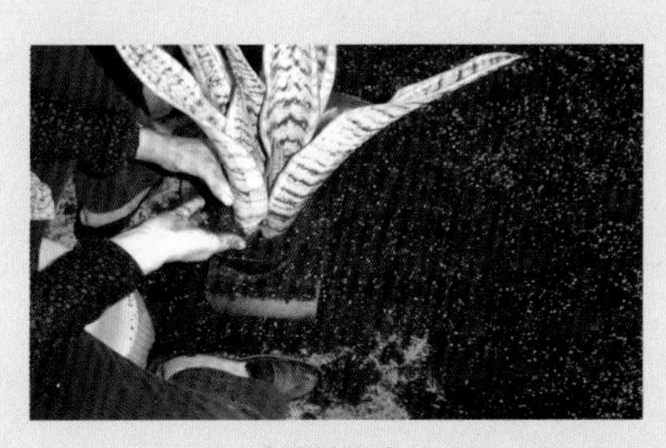
加基质</td><td>一、材料与器具</td></tr>
<tr><td>晾干虎皮兰、椰糠、珍珠岩、营养袋</td></tr>
<tr><td>二、操作步骤</td></tr>
<tr><td>1. 拌基质：1 份珍珠岩 +4 份椰糠，椰糠泡开后搅拌均匀备用
2. 先在盆底垫 2~3 cm 基质，选取 2、3 或 4 株组合在一起，放进相应大小的盆内，从盆缘添加基质，压实后基质为 8 分满
3. 上盆后搬至养护区间隔开整齐摆放</td></tr>
<tr><td>三、注意事项</td></tr>
<tr><td>1. 植株要种直立、正中
2. 造型美观</td></tr>
<tr><td>四、质量标准</td></tr>
<tr><td>1. 种后植株直立，植株位于盆正中
2. 上盆后基质离杯面 1~2 cm</td></tr>
</table>

6. 工序名称：养护

侧面浇水

灌药

一、材料与器具

喷头、机台、剪刀

二、操作步骤

1. 上盆后保持基质间干间湿
2. 每半个月进行预防性地喷药一次
3. 当发现病害时，要针对性地喷药，使用浓度和频率依使用说明。（一般用药为750倍好意，1000倍全福，750倍露速净，1000倍可杀得，1000倍扑海因等）

三、注意事项

肥料和药物的使用浓度不能太高，以免伤害植株

四、质量标准

植株无病虫、无腐烂

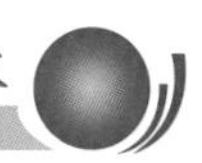

7. 工序名称：出货

<table>
<tr><td rowspan="8">
</td><td>一、材料与器具</td></tr>
<tr><td>机台、叉车</td></tr>
<tr><td>二、操作步骤</td></tr>
<tr><td>1. 装柜上车：一般用木柜，规格按照集装箱的规格，把植物按要求排列整齐。装好柜用铲车装上车。集装箱的温度设置在：（15±1）℃
2. 运输：利用船只或飞机进行运输
3. 到岸通关
4. 提货</td></tr>
<tr><td>三、注意事项</td></tr>
<tr><td></td></tr>
<tr><td>四、质量标准</td></tr>
<tr><td>1. 带盆出货见“金边/绿叶虎皮兰出口质量标准”
2. 裸根出货见“裸根金边/绿叶虎皮兰出口质量标准”</td></tr>
</table>

第五章 散尾葵出口保鲜贮运技术

一、概述

散尾葵（*Chrysalidocarpus lutescens* H. Wendl），又称之为黄椰子，棕榈科的丛生常绿灌木或小乔木，原产于非洲马达加斯加，是世界上著名的热带观叶植物。因其枝叶细长且略下垂，给人以叶清幽雅致之感，茎金黄附带刚劲，姿态自如潇洒，株形婆娑优美，受到广大花卉爱好者的喜爱。近十几年来，我国逐渐扩大对散尾葵的引种栽培，且受到许多消费者的追捧，极受国内外欢迎。散尾葵在我国的华南、华东地区被广泛地作为庭园栽培或盆栽种植，其他地区可作盆栽观赏，是室内绿化装饰的高档观叶花卉之一，给人以清凉、宁静之感。近几年，我国散尾葵产业发展十分迅速，已成为推动花卉出口的又一主要产品之一，成为出口欧美以及日本、韩国等周边国家和我国台湾地区的高档盆栽植物之一。

目前散尾葵主要还是实行有土栽培，因而它具有一般盆景植物的特点，易携带病、虫、杂草等有生命物体。然而，为控制病、虫、杂草，许多国家都禁止带土的植物进口。美国对带土植物严禁进口，为了防止危险性病、虫、杂草的传入，植物必须在检疫苗圃，确检验合格后，发给证书，然后才真正允许入关。日本进口农产品检疫十分严格。鲜切花枝条上不准残留有一点泥土根茎植物，若有危险性细菌、病毒，在其先进的检

测手段面前都将显现。最近有消息报道，日本有关外来生物法律新方案，已向其他从WTO成员国递交了征求意见书。一旦实施，包括我国在内的许多国家的农产品，都将大量被日本限制进口。澳大利亚是世界上最严格的为动植物检疫的国家，只要有潜在威胁的东西都不准进入国内，即使是澳本身出口的动、植物产品，一切都不准返销回来。就连汽车等机械产品检查亦极其严格，都要在海关彻底消毒，以免带进一点泥土、一只小虫或一棵杂草种子。英、法、荷兰、西德等国，同样亦有严格的植检制度，禁止带进泥土和有害生物。世界各国都如此深恶痛绝带土植物进口，是因土中滋生各种细菌、虫、杂草，曾给人们带来惨重的灾难。因此，盆栽散尾葵的出口必须解决带土问题。

虽然散尾葵属于耐荫观赏植物品种，但出口一般采用船运，长达 20~30 d 置于集装箱内不见光，无法控制内部环境湿度，无法补水、补光，到达目的地后会出现叶片黄化，新梢过度生长，有的会死亡，恢复期长。喷些保鲜药剂虽然能起到一定保鲜效果，但并不能从根本上提高散尾葵抗逆境的能力，这是一项出口贮运技术的瓶颈。因此，盆栽散尾葵的出口还必须解决贮运保鲜问题。

当前整个花卉领域，不论是在国内还是国外，长期以来都侧重于切花的技术研究而忽视盆栽花的技术研究，因此在盆栽植物方面的技术研究有待进一步发展和深入。与此同时，我国的盆栽花卉出口又是近年来刚兴起的行业，科技投入相对比较少，各出口企业亦处在摸索阶段。

散尾葵要成功出口，必须攻克在栽培、病虫防害、出口检疫，以及保鲜运输方面的技术难题。本章主要从散尾葵出口前移栽基质配比、移栽后的栽培管理、贮运前的处理、生长调节剂控制、贮运的温度等贮运关键技术处理，并通过实验室模拟常规出口贮运模式，为大规模商业应用提供出口贮运技术规范和理论基础。同时对有效地增加农民收入，有力地推动我国花卉出产业的发展，激活农业经济具有重要意义。

二、盆栽散尾葵出口基质栽培技术

根据前人研究，基质容重在0.1~0.8 g/mL植物能生长良好，70%~90%总孔隙度为理想基质，植物的栽培基质在pH6.0左右为宜，EC值小于2.6 ms/cm为植物适宜生长范围。以椰糠为主添加其他基质能获得植物栽培的要求，满足植物的生长。

以基质的理化性质指标：容重、pH、电导率（EC）、总孔隙度、大小孔隙度；栽培过程中相关指标：植株外部形态、叶绿素含量，来研究基质对散尾葵栽培的影响，实验结果表明：栽培基质配比的容重、孔隙度、pH、EC等含量会直接影响到散尾葵栽培的长势，适宜的散尾葵栽培基质： 0.1~0.8 g/ml容重，70%~90%总孔隙度，pH值6.0，EC小于2.6 ms/cm。从测定结果来看，C组（椰糠+草炭+珍珠岩：80%+10%+10%）散尾葵的生长情况最好，适合作为散尾葵出口栽培生产的基质配方。

三、盆栽散尾葵出口保鲜贮运技术

盆栽花卉出口基本都经过海上运输，尤其是欧盟国家，花卉必须能够在集装箱里存放一个月左右。对于这样的远洋运输，目前还没有一套适用的散尾葵保鲜贮运技术，这导致散尾葵出口后，枯叶、腐烂、坏死的事情时有发生，不同程度存在退货、索赔、销毁等问题，严重影响了出口产业的可持续发展。棕榈科植物对环境变迁及不良环境的适应性和抗抵能力，既受系统

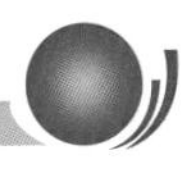

发育的遗传基因所控制，又受个体发育中生理生态所制约。本章采用在农业上应用较为成熟的生长调节剂和芸薹素内酯。具有强力生根、促进生长的作用以及协调营养平衡、增强作物抗逆性等功能。6-苄基腺嘌呤一种广泛使用的细胞分裂素，具有抑制植物叶内叶绿素、核酸、蛋白质的分解，促进营养物质向处理部位调运等作用，被广泛用在农业、园艺作物。而这两种生长调节剂未见有在散尾葵上进行应用。因此，本章通过生长调节剂的应用探索植物抗逆性的生理机制及其遗传因素，不仅在基础理论上具有重要意义，在解决实际散尾葵出口叶片干枯问题上也具有广泛的应用价值。

（一）芸薹素内酯处理对散尾葵保鲜贮运的影响

芸薹素内酯能提高植物抗逆性，在低温、干旱和盐碱等逆境下，芸薹素内酯能够增强作物根系吸水性能，稳定膜系统的结构功能，维持较高的能量代谢，调节细胞内生理环境，促进正常的生理生化代谢，从而增强植物的抗逆性，所以芸薹素内酯又被称为逆境条件的缓冲剂。对细胞的增大作用，这种伸长作用是细胞体积增大的结果，是通过加强细胞膜离子泵和超极化作用实现的。随着保鲜贮运时间的推移，散尾葵叶片中叶绿素、可溶性糖含量都降低；可溶性蛋白含量先上升后降低；丙二醛含量都升高。散尾葵保鲜贮运效果最好的芸薹素内酯浓度为 0.01 mg/L。

（二）6-苄基腺嘌呤处理对散尾葵保鲜贮运的影响

6-BA 可使细胞水分亏缺度降低、膜透性减小， 能延缓芦笋叶绿素降解， 抑制芦笋木质化及相关酶活性， 提高 PPO、CAT、POD 等酶活性， 其作用机理可能在于促进氨基乙酰丙酸

（ALA）的生物合成，从而影响叶绿素的合成和积累，并可能与阻抑蛋白质的迅速降解以及与ABA的拮抗作用有关。散尾葵贮保鲜运效果最好的6-苄基腺嘌呤浓度为1.5 mg/L。

（三）温度处理对散尾葵保鲜贮运的影响

散尾葵怕冷，耐寒力弱。若温度太低，叶片会泛黄，叶尖干枯，并导致根部受损，甚至会受冻害，造成死亡；若温度越高，呼吸强度越大，消耗营养越多，衰老也越快。保鲜贮运效果最好的贮运温度为（15±1）℃，能有效延缓盆栽散尾葵叶片中叶绿素、可溶性糖、可溶性蛋白质的降解速度。

四、盆栽散尾葵出口保鲜贮运标准化技术流程

（一）盆栽散尾葵出口贮运流程

采收前管理→采收→挑选→去土→清洗→修剪→晾干→基质准备→上盆包装→养护→装柜上车→出口口岸→运输→进口口岸→提货→批发→零售。

（二）具体操作步骤

（1）采收前管理：主要是田间管理，培育无病虫害、健壮的散尾葵植株。

（2）采收：选择生长健壮、无病虫害、质量上等的散尾葵植株，防止机械损伤。

（3）挑选：按客户要求，进行等级挑选。

（4）去土：去掉植株根部的土。

（5）清洗：用无污染的自来水冲洗植株上的杂质及根部的土壤。

（6）修剪：根据需要进行适当的修剪。

（7）消毒：将散尾葵头部浸泡在配制好的消毒液（敌敌畏、

益苏宝、甲基托布津等）中 5~10 min。

（8）晾干：将消毒好的散尾葵放置在阴凉处晾干。

（9）基质准备：基质的配制（椰糠 + 草炭 + 珍珠岩：80%+10%+10%）与消毒。

（10）上盆包装：按规格要求用介质进行上盆，上盆后进行浇水；进行养护管理，待长根生长稳定后出口。

（11）报检报关：将材料进行检验检疫，报关。

（12）装柜上车：一般用木柜，规格按照集装箱的规格，把植物按要求排列整齐。装好柜用铲车装上车。集装箱的温度设置在：（15±1）℃ 。

（13）运输：利用船只或飞机进行运输。

（14）到岸通关：到进口国口岸通过对方的检验检疫。

（15）提货：客户进行货物验收。

（16）批发零售：进入市场进行销售。

盆栽散尾葵出口保鲜贮运操作流程图

采收

去土

冲洗

晾干

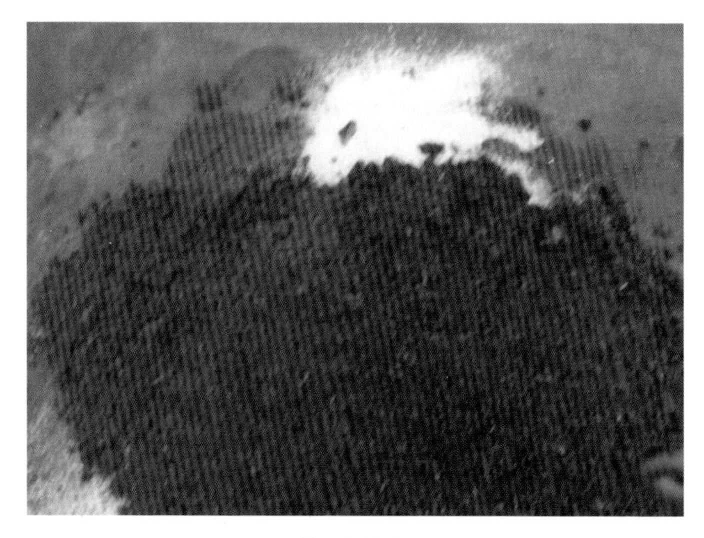

基质准备

上盆

养护

出货

第六章 三角梅出口保鲜贮运技术

一、概述

三角梅是叶子花属（*Bougainvillea*）植物的统称，又名九重葛、三角花、叶子花、叶子梅、毛宝巾、纸花、南美紫茉莉、贺春红等，紫茉莉科，南美紫茉莉属，原产于秘鲁、阿根廷、巴西、南美等地。三角梅为常绿攀缘状灌木，喜温暖湿润气候，不耐寒，喜充足光照，常用于绿篱、庭园花木等。

近几年盆栽三角梅的出口业务需求也不断增加。由于盆栽盆栽三角梅出口运输通常置于缺光断水的黑暗集装箱内并进行长时间的船运，该种情况下容易促使黑暗下的植株出现逆境胁迫，导致异常落叶、黄化等而影响观赏品质、竞争力下降，因此对于远距离的运输而言就凸显出盆栽三角梅保鲜的重要性。

二、盆栽三角梅贮运期间落叶、花脱落等影响因子分析

盆栽三角梅贮运中是一个“生命体”，它要从周围的空气中吸收 O_2，放出 CO_2 及热量。项目组通过试验及商业中试，总结分析了影响盆栽三角梅贮运期间落叶、花脱落的主要因素为：生理衰退，物理因素（水损失引起植株萎蔫）及病理衰败等，其具体的影响因子包括：

（一）成熟度

盆栽三角梅由于在贮运期间仍可继续生长，何时出售取决于植物的可观赏性及市场因素。通常，在达到观赏性后出售。

盆栽三角梅可在花苞刚开始开放时采收，通过贮运，在到达消费者手中时可完全开放，因此盆栽三角梅在花苞期采收，花不易受机械损伤，乙烯的释放也较少，并可延长花期，提高商品价值。

而这一点常被忽视，许多盆栽三角梅往往在花苞开后进行采收运输，有些在花苞完全开放时采收运输，这些不仅在贮运过程中容易受机械损伤，并且受环境的影响容易落花。

（二）温度

1. 低温减缓呼吸作用

盆栽三角梅在 30℃时，其呼吸率是 0℃时的 145 倍，呼吸率提高，加速了植株的衰老。而在冷环境中，代谢过程显著减缓，可可延长观赏期。

2. 低温减少水分损失

温度较低，盆栽三角梅的蒸腾作用较慢，因而减少水分损失，不易萎蔫。除此之外，相对湿度的影响也较大，空气中相对湿度大，在相同温度时，水分损失少，可有效的防止落花落叶。

3. 低温减少了病害传播

低温抑制了微生物的活动，减少了病害的传播。

4. 低温减少了不利的生长

盆栽三角梅在贮运过程中仍进行着生命活动。低温抑制了不利的生长活动。保持植株采收时状态。

低温贮藏运输也有其不利的一面。植株在接近其冷害点时，会产生冷害。大多数花的最佳贮藏温度为 0~5℃，而盆栽三角梅的最佳贮藏温度 10~15℃，低于 10℃，会产生冷害。冷害症状表现为变黑、损伤、花、叶的脱落及发干等。三角梅热带植物，它们适应温暖、潮湿的环境，在短期暴露在低于10℃的温度时，通常就会受到冷害。

（三）光照

暗环境会引起盆栽三角梅的落花落叶。因此，适宜的光照强度可有效的防止落花落叶，以及在三角梅花色彩形成及花发育过程中光是必不可少的。

（四）湿度

在贮运过程中，盆栽三角梅失水萎蔫很快。因而，最好保存在相对湿度高于80%的环境中以减少水分损失，尤其是在长期贮运时。由于低温可使水分损失显著降低，故低温贮藏时花损失较少，这也是对盆栽三角梅贮藏及运输时制冷的重要原因之一。

（五）乙烯

盆栽三角梅在贮运过程中乙烯会对花和叶产生不良影响，加速花、叶的衰老和掉落。引起未熟的花萎蔫或加速花苞及花的脱落和引起叶脱落及叶变黄或褪色。

（六）机械损伤

损伤对盆栽三角梅的影响是显而易见的，使之观赏性变差，损伤叶，花，茎等部位，不仅降低观赏性，同时也使植物衰老加速，更易感染病害。

三、三角梅无土栽培基质

盆栽三角梅叶片和花苞贮运时脱落是一种异常脱落，是生长环境的突变和不适应性所形成的一种非适时的逆境脱落。极端的环境条件如暗环境、干旱、营养缺乏等逆境都能使植物体内的正常代谢失调或中断，引起叶片衰老，从而引起叶片的提

早脱落。栽培基质是植物生长的基础和媒介，其种类和性质是无土栽培成功的关键。理想的栽培介质不仅要具有支持、固定植物，为植物生长提供稳定、协调、适宜的水分、氧气、养分、酸碱度的根系环境，保持根系环境的稳定，同时还要具有可操作性和经济性。与土壤栽培比较，无土基质培养的盆栽植物的产量高、质量好、便于运输和出口检疫。盆栽植物进口国或地区一般要求使用无土栽培基质培养，因此不仅要筛选符合出口要求的基质，更需要寻找促进出口植物生长，提高抗性能力的基质。

不同基质配比对三角梅落花落叶率和各生理抗性会有影响，盆栽三角梅的最适出口基质为进口椰糠：珍珠岩：进口草炭=8：1：1，该基质配比组合移栽培养的三角梅CAT活性较高，且叶片叶绿素含量相对较高，提高三角梅在逆境下的抗性能力，并有效的降低落花落叶率。

四、盆栽三角梅贮运最适温度、湿度、光照

三角梅的保鲜贮运系统技术，国外研究较少，未见相关的研究报道。大部分三角梅经常在运输到达销售地时不能保持运输前的性状，出现大量的落花、落叶现象，原有的经济价值大大降低，花卉企业的经济效益不高。对盆栽三角梅出温度、湿度、光照等进行调控进行贮运过程中防止叶子及花苞掉落等关键技术研究。

通过对温度、湿度、光照三因素的正交试验，经极差分析得知，本实验中3种因素对三角梅叶片和花苞脱落的影响依次为：光照强度>温度>湿度。从而得出了三角梅贮运最佳条件为：以进口椰糠：进口草炭：珍珠岩=8：1：1作为无土栽培基

质（保水剂与基质重量比为 1 ： 100），在温度为（13±1）℃，湿度（80±2）%，光照强度 800 lx。在此条件下进行验证试验，测得三角梅叶片和花苞的脱落率为 6.5%。

五、盆栽三角梅贮运保鲜剂

三角梅贮运时间太长、光线暗等不良环境条件，皆可能导致花苞大量的掉落、哑蕾、抑制开花，严重影响观赏品质和经济价值。因此，如何防止三角梅到达销售地后出现哑蕾现象、时间错位、花色劣变便成为一重要课题。植物生长调节剂具有可以减缓运输过程不良环境所造成花苞的掉落、哑蕾等现象，可以有效地增加三角梅花苞于低光环境下的寿命，延长花期。

多效唑、萘乙酸、乙烯利等植物生长调节剂有促进开花，延长三角梅花苞寿命，防止三角梅花色劣变，促进花苞展开，协调开花整齐的作用，延长三角梅的花期，提高花质量，增加三角梅的观赏价值和经济价值。萘乙酸效果最好的浓度为 50 mg/L 的。多效唑浓度为 50 mg/L 和萘乙酸为 25 mg/L。

六、盆栽三角梅出口保鲜贮运标准化技术流程

（一）盆栽三角梅出口贮运流程

采收前管理→采收→挑选→去土→清洗→修剪→晾干→基质准备→上盆包装→养护→装柜上车→出口口岸→运输→进口口岸→提货→批发→零售。

（二）具体操作步骤

（1）采收前管理：主要是田间管理，培育无病虫害、健壮的三角梅植株。

（2）采收：选择生长健壮、无病虫害、质量上等的三角梅植株，防止机械损伤。

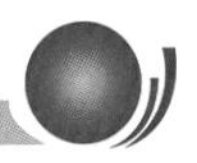

（3）挑选：按客户要求，进行等级挑选。

（4）去土：去掉植株根部的土。

（5）清洗：用无污染的自来水冲洗植株上的杂质及根部的土壤。

（6）修剪：根据需要进行适当的修剪。

（7）消毒：将三角梅头部浸泡在配制好的消毒液中5~10 min。

（8）晾干：将消毒好的散尾葵放置在阴凉处晾干。

（9）基质准备与消毒：基质的配制（进口椰糠：珍珠岩：进口草炭=8 ：1 ：1）。

（10）上盆包装：按规格要求用介质进行上盆，上盆后进行浇水；进行养护管理，待长根生长稳定后出口。

（11）报检报关：将材料进行检验检疫，报关。

（12）装柜上车：一般用木柜，规格按照集装箱的规格，把植物按要求排列整齐。装好柜用铲车装上车。集装箱的温度设置在：（13±1）℃。

（13）运输：利用船只或飞机进行运输。

（14）到岸通关：到进口国口岸通过对方的检验检疫。

（15）提货：客户进行货物验收。

（16）批发零售：进入市场进行销售。

（三）盆栽三角梅出口保鲜贮运操作规范

1．工序名称：初冲洗

文件名称	制定日期	修订日期	生产效率	工序工时
三角梅出口操作指导书			60株/（人•h）（冲洗）	24 h

符合出口要求的三角梅

剪根、冲洗

一、材料与器具

符合出口要求的三角梅、剪根、清洗机台、硬框

二、操作步骤

1．三角梅选择：径粗3~4 cm，株高约60~80 cm，冠幅直径约50~60 cm

2．剪去过长的根，然后搬至冲洗场所

3．把水压调至适合压力

4．初步冲洗，洗去表面的泥沙

5．洗后放在硬框内

三、注意事项

1．水压不能过大，以免洗破皮

2．操作过程中必须轻拿轻放

四、质量标准

1．植株表面无泥沙和其他杂质

2．植株无机械伤

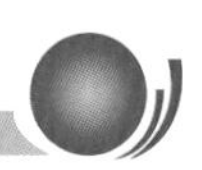

2. 工序名称：修剪

文件名称	制定日期	修订日期	生产效率	工序工时
三角梅出口操作指导书			60株/（人·h）	48 h

<table>
<tr><td rowspan="8">
枯枝修剪</td><td>一、材料与器具</td></tr>
<tr><td>三角梅、剪刀</td></tr>
<tr><td>二、操作步骤</td></tr>
<tr><td>1. 把初冲洗后的植株搬运至修剪场所
2. 用剪刀剪去干枯的枝条</td></tr>
<tr><td>三、注意事项</td></tr>
<tr><td>操作过程中要小心，不能剪伤植株</td></tr>
<tr><td>四、质量标准</td></tr>
<tr><td>植株无干枯的枝条</td></tr>
</table>

3. 工序名称：冲洗

<table>
<tr><td>文件名称</td><td>制定日期</td><td>修订日期</td><td>生产效率</td><td>工序工时</td></tr>
<tr><td>三角梅出口操作指导书</td><td></td><td></td><td>60株/(人·h)</td><td>24 h</td></tr>
<tr><td colspan="3" rowspan="8">
冲洗</td><td colspan="2">一、材料与器具</td></tr>
<tr><td colspan="2">修剪好的三角梅、清洗机台、硬框</td></tr>
<tr><td colspan="2">二、操作步骤</td></tr>
<tr><td colspan="2">1. 把水压调至适合压力
2. 洗净植株至无泥沙和其他杂质为止
3. 洗干净的植株放在硬框内，搬至消毒场所</td></tr>
<tr><td colspan="2">三、注意事项</td></tr>
<tr><td colspan="2">1. 水压不能过大，以免洗伤植株
2. 操作过程中要轻拿轻放
3. 各规格的植株不能混淆</td></tr>
<tr><td colspan="2">四、质量标准</td></tr>
<tr><td colspan="2">1. 植株无泥沙和其他杂质
2. 植株无机械伤</td></tr>
</table>

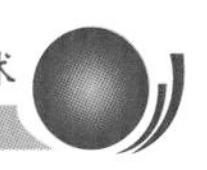

4. 工序名称：消毒、沥干

文件名称	制定日期	修订日期	生产效率	工序工时
三角梅出口操作指导书			60株/（人•h）	8 h

一、材料与器具

300L水桶、根腐宁、阿维菌素、硬框

二、操作步骤

1. 配消毒液：175kg水+200g根腐宁+100 g阿维菌素，搅拌均匀待用
2. 把待消毒的三角梅根放进消毒液中，浸泡消毒2~3 min
3. 提起植株放在桶面沥干水5~10 s，再放到地板上
4. 需上盆，沥干水搬至上盆场所

三、注意事项

1. 药液要浸没植株根系
2. 消毒时间不能过短
3. 消毒液要当天配制当天使用
4. 配制和消毒过程中要注意人员安全

四、质量标准

1. 植株消毒时间2~3 min
2. 植株不能失水、皱缩

5. 工序名称：包根

<table>
<tr><td>文件名称</td><td>制定日期</td><td>修订日期</td><td>生产效率</td><td>工序工时</td></tr>
<tr><td>三角梅出口操作指导书</td><td></td><td></td><td>30株/(人·h)</td><td>24 h</td></tr>
<tr><td colspan="3" rowspan="8">
包根</td><td colspan="2">一、材料与器具</td></tr>
<tr><td colspan="2">消毒过的三角梅、椰糠、珍珠岩、草炭、出口专用袋</td></tr>
<tr><td colspan="2">二、操作步骤</td></tr>
<tr><td colspan="2">1. 拌基质：以进口椰糠：进口草炭：珍珠岩=8 ：1 ：1作为无土栽培基质（保水剂与基质重量比为1 ：100），搅拌均匀备用
2. 包根：先在出口专用袋底垫2~3 cm基质，再放进植株，加满基质，稍微压实即可
3. 绑紧后整齐摆放</td></tr>
<tr><td colspan="2">三、注意事项</td></tr>
<tr><td colspan="2">1. 植株要种直立、正中
2. 基质不宜太湿</td></tr>
<tr><td colspan="2">四、质量标准</td></tr>
<tr><td colspan="2">1. 出口专用袋底垫2~3 cm基质
2. 包根后植株直立，植株位于袋的正中</td></tr>
</table>

6. 工序名称：出货

文件名称	制定日期	修订日期	生产效率	工序工时
三角梅出口操作指导书				

<table>
<tr>
<td rowspan="8">

装柜

</td>
<td>一、材料与器具</td>
</tr>
<tr><td>机台、叉车</td></tr>
<tr><td>二、操作步骤</td></tr>
<tr><td>1. 装柜，出货前一天喷杀虫剂、杀菌剂
2. 出口当天喷洒浓度为50 mg/L 的萘乙酸
3. 集装箱温度设置为13℃，湿度80%，光照强度800 lx</td></tr>
<tr><td>三、注意事项</td></tr>
<tr><td>用药时要注意安全</td></tr>
<tr><td>四、质量标准</td></tr>
<tr><td>参见“三角梅出口质量标准”</td></tr>
</table>